游戏遇见数学

趣味与理性的微妙关系

〔英〕大卫·韦尔斯 著

张珍真 译

上海科技教育出版社

图书在版编目(CIP)数据

游戏遇见数学:趣味与理性的微妙关系/(英)大卫·韦尔斯著;张珍真译.—上海:上海科技教育出版社,2019.1(2023.8重印)

ISBN 978-7-5428-6739-1

Ⅰ.①游… Ⅱ.①大… ②张… Ⅲ.①数学-普及读物 Ⅳ.①O1-49

中国版本图书馆 CIP 数据核字(2018)第 141020 号

致　谢

本书第 20 页河内塔（Tower of Hanoi）插图引自《奇妙趣题书》（*The Book of Curious and Interesting Puzzles*，多佛出版社）。

本书第 161 页的 21 点三次曲线引自《企鹅图书：有趣的几何学词典》（*The Penguin Dictionary of Curious and Interesting Geometry*，韦尔斯出版社，1991 年，第 43 页）。① 该图片版权所有者暨该书插画家夏普（John Sharp）同意本书使用该图片，他也是第 268 页法图粉尘的版权所有者。第 17 页上的阿尔玛尼的游历图可以在 www. mayhematics. com/t/history/1a. htm 上找到。

---

① 该书同样是本书作者大卫·韦尔斯的作品。——译者注

目　录

目录 MULU

第4章 为何国际象棋不是数学／70

趣味与理性的微妙关系

游戏遇见数学

第1部分
数学游戏与抽象游戏

引言

抽象游戏、传统智力题与数学之间关系密切。这些游戏不仅十分古老,而且在不同文化间广为流传,不像语言和文字作品的传播总是受限于历史和地理环境的因素。古埃及有一种数学游戏叫做默罕(Mehen),这个游戏以蛇神的名字命名,有着盘状的蛇形棋盘。根据考古学记录,这种游戏在公元前2900年—公元前2800年间从埃及消失,却又在1920年代在苏丹重现。另一个记载于古埃及墓穴壁画上的游戏如今有着意大利名字"莫拉"(Morra)(意为:"闪电般的手指"),这个猜拳游戏延续了数千年没有变化或发展。参与者一边用手指比划一个数字一边大声猜测他和对手所出的手指总数。这种游戏不受场地限制也无需任何道具。但是,和其他游戏一样,需要一定的计数能力。

类似的还有骰子游戏。早在公元前3000年,在今伊朗东南部赫尔曼德河流域一处名为萨赫里-索科塔的古城遗址中就已发现了骰子。不仅如此,在古希腊、古罗马甚至《圣经》中都可以找到关于骰子的记录或痕迹。

相比于当今社会的各种休闲游戏,"原始"社会的智力题和棋盘游戏似乎更少更简单,与当今社会的文化也有许多不同之处,但是这并不妨碍我们理解和喜爱这些"原始的游戏"。

用"文化"来形容这些游戏丝毫不为过：这些智力题和游戏并不是无足轻重的纯娱乐，而是所有人类社会共通的特性——并且它们最终都通往数学。"结绳记事"就是一个很好的例子。在北美洲的因纽特文明、印第安的纳瓦霍和夸扣特尔文明、非洲文明、日本文明、太平洋岛国如新西兰毛利文明、澳大利亚土著文明中都有发现"结绳记事"的痕迹。这并不一定意味着古文化之间存在交流，也许仅仅表示不同地区的古文明中，人们都在和绳子"纠缠不休"——而结果可能如图1所示的"雅各布绳梯"一样有趣：

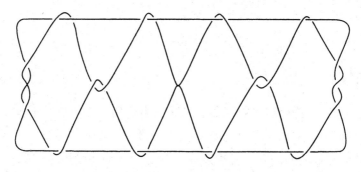

图1　雅各布绳梯

翻绳戏是极其抽象的，尽管打这些绳结通常需要双手并用，有时甚至是手脚并用或者四手并用。以图中的雅各布绳梯为例，无论这个绳梯有五十英尺①宽，或是用船上的缆索结成，它们所代表的含义并没有区别。然而这些抽象、有趣的物体也具有实用性。最早的绳结图是公元4世纪记录在古希腊文学作品中的"皮里尼诺斯"（Plinthios）（图2）。它认为这个绳结可以用来支撑骨折的下巴——这个绳结和雅各布绳梯十分相似。

翻绳戏远不止是出于人类好奇心，它们是数学的谜题，与日常生活中的纽结相关——包括编、织、钩、系等手法——又深入数学的新兴分支，拓扑学。

——————————

① 1英尺相当于0.3米。——译者注

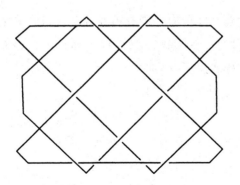

图2 皮里尼诺斯绳结

有记载的最古老数学智力题可能要追溯到古埃及：

> 七幢房子里住着七只猫咪；
>
> 每只猫咪杀死七只老鼠；
>
> 每只老鼠吃掉七个麦穗；
>
> 每个麦穗上有七和卡塔的谷子。
>
> 这些加起来是多少？

这个谜题是约公元前 1650 年间，莱因德纸草书中所记载的第 79 个数学题。将近 3000 年后（1202 年），斐波那契在他的《计算之书》（*Liber Abaci*）中引述了这个问题：

> 七个老妇去罗马，
>
> 每人牵着七骡马。
>
> 骡马驮着七包袱，
>
> 包袱装有七面包。
>
> 面包里面插七刀，
>
> 刀刀都有七刀鞘。
>
> 请问总和是多少？

这两个智力题之间很有可能有着相互的关联。果真如此,那么500年后的英国18世纪作品《鹅妈妈童谣集》(*Mother Goose Collection*)中的这个谜语是否也同样有着历史关联呢?

> 当我出发去圣艾夫斯;
>
> 遇到一个汉子七个妻;
>
> 每个妻子有七个麻袋;
>
> 每个麻袋有七只母猫;
>
> 每个猫咪有七只小猫;
>
> 小猫、母猫、麻袋和妻子;
>
> 共有多少要去圣艾夫斯?

数学与谜语

数学与智力题、幽默有许多共同之处。数学中的一切都有多重含义。每张图、每个数字、每个和及等式可以有多种方式来"看待"。每句句子,无论是用英文或是用代数写就,都有多种方式解读。

……数学、智力题和幽默还有着另外的共同点。它们可以传递同样的感情。幽默,当然是直接的,没有人会在听到笑话后过上一个小时才笑出声。一个需要解释的笑话对讲笑话的人和听众都颇为尴尬。智力题更隐晦一些,而数学和科学就更难——但也更为有趣。

……这是一本关于通过"阅读"来解决数学智力题的书,有时用眼睛读,有时用心读。

——摘自《数学与联想》(*Hidden Connections*, *Double Meanings* 韦尔斯出版社 1988:8-9)

下面是四种用传统智力题形式表达的数学谜题,用来诠释其中的联系:

"一个立方体之于八面体,就像一个四面体之于……?"

"我比我的平方小 20，我是哪个数？"

"平方的三次方和三次方的平方有什么区别？"

"我有四条边，但是只有一条对称轴。我的哥哥和我不同，但也有这个特性。我们是什么？"

另一个广为流传的智力题是关于一人、一狼、一羊和一菜如何通过一艘小船渡河。不能把狼和羊单独留在小船上，也不能把羊和菜单独留在船上。这道题最早出现在中世纪神学家、教育家、英国约克郡的阿尔昆（Alcuin）的一本作品集《青少年智力题集》（Proposition to Sharpen the Young）中。

塔尔塔利亚（Tartaglia，1500—1557）因提出三次方程的解法，并将其提供给卡尔丹（Cardan），而后者无耻地违背"不公开发表"承诺而出名。他曾经出了一道类似的题目：有三个新娘和她们嫉妒心极重的丈夫们要过河，河里只有一条能够容纳两个人的小船，如果新娘只能在自己丈夫的陪伴下过河，那么六个人全部过河需要小船往返多少次？

几乎一模一样的智力题也流传在非洲、埃塞俄比亚、佛得角群岛、喀麦隆、利比里亚的克佩尔等地。非洲版本的谜题在逻辑上与西方国家的迥然不同，因此两者很可能是互相独立的——而携带具有相斥属性物品渡河这个难点往往是共通的。

另一个传统智力题非常吸引我是因其给解题者设置了一个陷阱，尽管这个陷阱极其明显。其中的一个版本是这样的：一只蜗牛（或者一条蛇、一只青蛙）在一个三十单位深的井底。每天白天它可以往上爬 6 个单位，但是夜里又往下滑 3 个单位。那么它需要多久才能从井里逃出来？乍一看，每一天一夜这只蜗牛总共上升 3 个单位，所以逃出来需要 10 天 10 夜。但这是错误的，因为 9 个晚上以后，第 10 天中途蜗牛就已经爬上了井口。①

这个智力题不仅迷惑了我，也一定迷惑过好多好多人。因为这道题

---

① 作者犯了个小错误，其实前 8 天 8 夜蜗牛共计上升 24 个单位，第 9 天白天即将结束的时候，蜗牛就已经到井口啦！——译者注

目最早记录于公元 7 世纪的印度巴赫沙利手卷中,而后在文艺复兴时期约 1370 年德拉巴科(Dell'Abaco)的谜题集和 1484 年许凯(Chuquet)的趣题集以及此后许多的谜题书中出现。

生活中的谜题

不少智力题源自生活。假设一个场景,抓住其核心特征,剥茧抽丝后即可得到一个有趣的数学智力题。罗马人通过十进制抽人法对逃兵进行惩罚。逃兵们被排成一列,每数到10,这个不幸的士兵就要被砍头。犹太史学家约瑟夫斯(Josephus)根据同样的规则提出了下面这一道数学题——传闻中,这位约瑟夫斯曾经利用这样的技巧逃过了对他的屠杀:

(公元67—70年犹太战争时期)韦斯巴芗国王(Emperor Vespasian)洗劫了约塔帕塔城,约瑟夫斯和其他41位犹太人躲在一个地下室里。与其落入罗马人的手中,他们宁愿自杀。约瑟夫斯不想这么轻易结束生命,于是提出大家围成一个圈,依次报数,每数到3或者3的倍数的人,就先死。像这样:"一、二、三、死,四、五、六、死,七、八……"那么约瑟夫斯应该把自己,以及另一个好友放在什么位置,才能保证他俩能够活到最后?

人们注意到,欣赏雕塑的最佳角度并不是站在雕塑底座下方,当然也不是站得远远地看。一个数学趣题由此诞生:站在哪个位置才是欣赏雕塑的最佳角度呢? 这个问题在历史上曾被无数次重新解构,而在现代社会则以橄榄球运动的形式呈现:

"根据橄榄球运动规则,触球(持球攻进对方达阵区)后可以进行一次射门,而射门的位置必须在达阵区域向后的延伸线上,与球门线成直角。那么要在这根延长线上的哪一点射门才能使射门角最大呢?"

对于数学家而言——当然对于职业橄榄球运动员并不一定适用——答案是这样的:做一个经过两侧球门门柱的圆,使之与罚球线相切(图3)。切点 T 即为罚球的最佳位置。

俄罗斯的父母在孩子五六岁的时候,就用刁钻的商人问题锻炼孩子的思维能力。下面这一道题改编自已故的伟大俄罗斯数学家阿诺德(Vladimir Arnol'd),随后这道智力题在西方国家都很有名:

"假设你有一桶啤酒和一杯茶水,你从啤酒桶中舀出满满一勺倒入茶杯中,然后又从茶杯中舀出满满一勺混着啤酒的茶水倒回酒桶。请问是茶杯中的啤酒更多,还是啤酒桶中的茶水更多?"

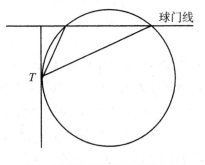

图 3　橄榄球转换射门位置之谜

　　这些狡猾的问题和许多传统智力题并无二致,在我们社会历史中流传数代,到维多利亚时期消失了,除了有些在童谣中以变体形式保留。下面是一些适合小学生的当代数学"儿歌":

为什么 3×4 等于 4×3?

从 1 到 10,哪个数字最伟大?

10 可以开平方吗?

你总能对分数比大小吗?

是不是每个图形都有面积?

　　下面的谜题更具"人造痕迹"。它是由 19 世纪著名数学家哈密顿(William Rowan Hamilton)提出的,并在随后以 25 英镑的价格将其卖给了国际象棋生产商雅克。这款智力游戏于 1859 年在伦敦出售,最初是立体玩具的形式,后来又被制成了平面游戏"二十城"。这款立体玩具是一个二十面体,顶点上有 20 个城市的名字[从布鲁塞尔(Bruxelles)的 B 到桑给巴尔(Zanzibar)的 Z,从 A—Z 的字母表中有个别字母不在上面]。这个平面玩具如图 4 所示。

　　这个游戏的玩法是从 B 点开始,沿着二十面体的边走到 Z 点,遍历每个顶点(城市)一次且仅一次。图论学家今天把在各种图形上的这种智力题的解叫作哈密顿回路。

　　在所有的这类智力题中,挑战性和神秘感就像钩子一样牢牢抓住孩

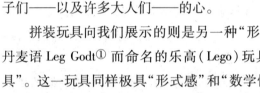

图4 二十城平面游戏

摘自:企鹅趣味谜题书(*Penguin Book of Curious and Interesting Puzzles*),第62页

子们——以及许多大人们——的心。

拼装玩具向我们展示的则是另一种"形式"。由其丹麦发明者根据丹麦语 Leg Godt① 而命名的乐高(Lego)玩具被誉为"史上最佳塑料玩具"。这一玩具同样极具"形式感"和"数学性",就像麦凯诺②和其他类型的拼装玩具一样。由于每件玩具均有着一致的接口,因此它们可以以无数种组合形式搭建成各种形状——仅仅同色的 6 块 8 扣积木就有超过一亿种组合方法!

这些拼装玩具无疑是适合孩子们飞扬的想象力的。只是在现实生活中,这些积木仍然不够完美。如果我们在脑海中进行一个乐高积木的搭建,每一步都能很完美,但当我们用真实的、彩色的塑料乐高积木进行搭建时,则会发现这是一个非常精巧然而却不够完美的智力游戏。

让我们回到从谜题到抽象游戏再到数学游戏的漫谈中,我们关注的是那些能够把数学性、抽象性和趣味性优雅而巧妙地结合在一起的大众数学消遣。下面的第一章,我们将介绍其中几个趣题,如:一笔画问题、马的游历问题,以及河内塔问题。

这些关联告诉了我们数学的什么呢? 正是本书所要传递的思想。关

---

① 意思是玩得好。——译者注
② Meccano,一种钢结构拼装玩具。——译者注

于数学有一个严重的误解，认为它只是枯燥无味的计算。然而这是错误的，数学其实是关于想象力、洞察力和直觉的学科。而真正的数学的灵感正是来自这三者。数学是抽象游戏的集合，是科学，也是一种看待事物的角度。

这是一本相关智力题的"题集"，而这些智力题至今仍然在不断演变、进化，在这个抽象规则构成的数学游戏小世界里，有精彩的解题思路、巧妙的解题技巧、标准的序列、有力的方法、熟悉的布阵、制胜的奇招和杰出的组合等等。这是因为数学是一场数学家们可以证明其结论的博弈。然而，他们也对智力题提出疑问，从而带来新的灵感、新的可能性，甚至引出更进一步的智力题。

如科学家一样，数学家也在探索他们的小世界，发现、归纳，提出假说和猜想，并进行验证，作出结论——虽然一旦他们戴上科学的"帽子"，那么实际上他们就再也证明不了什么。

如观察家一样，数学家也在观察事物的模式和联系，发现它们的相似性，注意一系列不寻常的运动。他们有时从多个角度去看待同一事物，有时又从同一角度去看多个事物；他们归纳观察到的结果，提出结构性的观点。

数学家既是智力游戏的参与者，也是科学家和观察家。这三个方面是密不可分的。作为游戏的参与者，他们观察其中的规律并提出猜想；作为科学家，他们要采取行动，发现其中的可行性；作为观察家，他们研究事物就像在抽象的国际象棋游戏中一样。这本书将从这三个角度出发，缺一不可。

这本书分为两个部分。第一部分关于智力题和数学游戏。第二部分展现数学的上述三个方面，与第一部分自然呼应。但是，这里使用的是纯数学的例子。

本书最后一章则退后一步，将社会和文化作为一个整体进行观察，看看我们能从中发现什么"游戏特征"——这突出了数学在社会和文化中的应用，解释了数学存在的合理性。

第1章　数学游戏:从欧拉到卢卡斯

欧拉与柯尼斯堡的桥

伟大的瑞士数学家欧拉(Leonard Euler)1707年诞生于瑞士巴塞尔,19岁时发表了第一篇论文。从那时起一直到他1783年在圣彼得堡去世,他撰写了无数论文:从代数到微积分,从几何到数论,从声学到音乐,从透镜原理到船的运动,再到月球和金星大气,以及其他很多领域。这使得他成为数学史上迄今为止最高产的数学家。

欧拉记忆力惊人。他将维吉尔(Virgil)的作品《埃涅阿斯》(Aeniad)熟记于心,而且只要说出任何一个页码,他就可以凭记忆将它"读出来"。不仅如此,他还可以在头脑中进行复杂的计算。曾经有一次,两个学生将一组级数的前17项求和,但是对结果的小数点后第15位意见不一致。欧拉通过心算纠正了他们。没有任何事情能让他分心,无论是他的十三个孩子,还是1771年因白内障手术失败而失明——他只是把计算结果让一个助手听写下来,比从往更快地写成了论文。欧拉总共写了近900篇论文。在他死后30年,圣彼得堡科学院仍然在发表他的原创性著作。

以欧拉的名字命名的数学定理有很多,包括欧拉方程、欧拉—拉格朗日方程、两个欧拉公式、不同的欧拉数和欧拉示性数,其深刻思想和发现影响深远。不过,欧拉对数学趣题和智力游戏也十分着迷,下面就是其中一题:

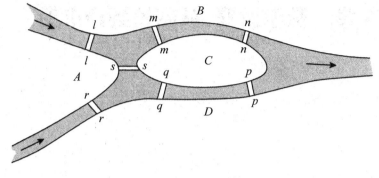

图1-1 柯尼斯堡的桥
来源：Rouse Ball，p.123

　　普鲁士小镇柯尼斯堡坐落在一条名叫普雷格尔的河上，河上有七座桥。当地居民据说有一项有趣的消遣，即从河的一岸开始散步，经过七座桥的每座一次且仅一次，直到散步终点。

　　这项散步活动引发的问题不是一个，而是许多个：不重复地走过每一座桥正好一次真的可能吗？如果可能，选择任何一个位置作为起点都可以吗？如果增加或减少一座桥，问题依然可解吗？当然，要回答这些问题，首先就要像科学家们一样，尝试不同的起点和路线。怎样走可行，怎样走不可行呢？太奇妙了！

　　欧拉被这个问题吸引了。1736年他发表了一篇论文，回答了所有这些问题。有趣的是，他并没有简化这张图。我们则将抓住这一问题的核心，忽视所有其他因素（这个过程叫作抽象化）。得到的结果如图1-2所示：

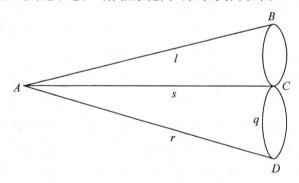

图1-2 简化后的普雷格尔河和桥

这种变形的结果就是,普雷格尔河的西岸用点 A 表示,南岸用 D 表示。小岛和北岸在图中则简化为 C 和 B。这样,7 座桥也就对应了图中将这些点连接在一起的 7 条线段。现在我们可以在草稿纸甚至餐馆提供的小纸巾上画出这道题,然后尝试求解。

反复尝试失败提示我们这个问题不可解,这里欧拉给出了原因。放在今天,一个普通的聪明小孩就可以给出解题思路,然而在欧拉那个年代,他的思路还是最新颖的。他说,你每"到访"一个点后再"离开",连接这个点的两条线段就被"使用"了。所以,要想解出这道谜题,任何不是起点或终点的点都必须有偶数条线段离开它。只有起点或者终点,如果需要的话,可以有奇数条线段相连。因此欧拉最初的问题,由于图中 A、B、C、D 4 个点都有 3 条或 5 条线段相连,是无解的。在不是所有的交点都相同的表象之下——在"奇顶点"中隐藏着重要意义。

这一解题思路向我们展示了图形的强大说服力,有时也被称作:"直观证明"或"无字证明"。无需复杂的计算,不需要代数知识,只需从正确的角度"看待"问题,即可得到答案。

今天,这一趣题也被称为柯尼斯堡桥问题①。欧拉的这一论文名为"一个位置几何问题的解法"(*Solutio problematis ad geometriam situs pertinentis*)。欧拉在这里用了"几何"这一名词,但是实际上,这道题目与长度、角度、圆、三角甚至直线都没有任何关联。他使用了位置这个词,因为只有河岸与桥的相对位置在这里是有意义的。

人们认为,"柯尼斯堡桥问题"开创了全新的数学分支学科,这一学科最初被称作研究位置的学问,如今被称为拓扑学。拓扑学的名字来自希腊语字根 topos,意为位置。

柯尼斯堡桥问题意义非凡,它是一个可以由许多城镇居民自发提出并延续了长达数百年的日常谜题。理解这道题目不需要任何的数学技巧,而揭开谜底则只需些许聪明才智。欧拉的这一论文是他所有论文中最简单的,它也像所有的纯数学一样完全抽象。柯尼斯堡镇、普雷格尔

---

① 也称为"七桥问题"。——译者注

河、河岸、小桥这些干扰信息都被完全撇开，仅留下问题的核心。不出意外的，在这之后涌现了大批类似的智力题，比如在维多利亚时期的一部通俗作品《人人都爱的插图谜语书》（*Everybody's Illustrated Book of Puzzles*）[Lemon 1890：66]中，就曾出现过"一笔画"类题目。

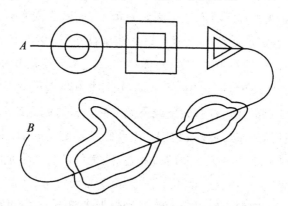

图1-3　雷蒙(Don Lemon)的一笔画问题

题目是这样的："从 *A* 点出发，用一条连续的线画完整个图形到达 *B* 点，途中铅笔不能离开纸面，也不能走过同一条线两次。"

柯尼斯堡桥问题开创了一个新的领域，而欧拉也深知这一点：在他的论文的开篇，欧拉引述了莱布尼茨(G·W·Leibniz)的"拓扑学"这个术语，全文却未提及任何相关问题：

> 在几何学中，除了长期受到巨大关注的、关于量的分支以外，还有一个鲜为人知的分支，由莱布尼茨首先提出，叫作位置的几何学……这个分支只关注位置的确定及其性质，而不涉及测量…… [Wilson 1985：790]

在这里，我们要加上一句，由于不需要测量，只需要观察线和它们的交点，良好的视觉想象力就能帮助你在脑海中解决此类一笔画问题。

欧拉与马的游历问题

吸引欧拉的还有一个更为古老的智力题。下面这张图展示的是一个国际象棋棋盘的局部。马可以走的路线如图1-4所示,可以向东南西北的任意方向前进两格,然后转90°继续前进一格。

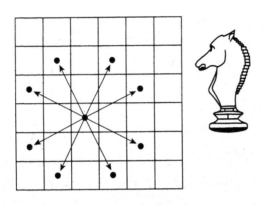

图1-4　马和马的路线

马的游历问题是指:马从你任意指定的一格开始游历,用63步走遍棋盘上的每一个格子。和柯尼斯堡桥问题一样,马也不能两次走到同一个格子。还有一个"高难度版"的马的巡游问题,要求马走64步后回到原起点,形成一个回路。为了充分展示这道题的可能性、困难性和它的有趣之处,我们先在一个小一点儿的棋盘试一下:

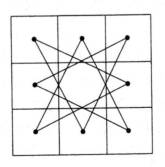

图1-5　在3×3棋盘上的马的游历问题

在3×3棋盘上,我们很容易就走完8个格子回到起点,并且得到一个优雅的对称路线。但是我们走不到中间的格子,因为它不在任何一格的马的可走路线上。

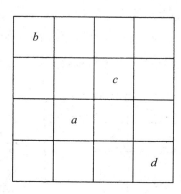

图1-6 在4×4棋盘上的马的游历问题

在4×4棋盘稍做尝试就会发现,在这一棋盘上同样也不能完成"马的游历"。虽然原理略复杂,但我们可以证明这一结论。在上图中,想要到达b点,必须从a点或c点出发。假设我们从a点出发到达b,那样我们就必须走a—b—c再到d的路线,不然就永远到不了d。好了,现在问题来了,我们被卡在d出不去了。

这就意味着我们不能接受从其他任何一格出发,经过b再前往其他格子,既然这样,那么我们就必须把它设为起点或者终点。这样一来,路线就成了b—a—d—c或者b—c—d—a。然而那样我们又遇到了同样的问题——另一组对角线上的格子我们就到不了了。再进一步的尝试告诉我们这个问题无解。

不过,在5×5的棋盘上,我们就能找到马的游历问题的许多路线了。例如图1-7就是一种简单的解法,马围绕路线的终点所在的中心方格反复"绕圈";而图1-8是一个稍有难度的对称路线。

不过,这两种解法都没有回到起点。这是必然的吗?是的。通过一些推理我们就可以证明这个结论:首先,我们把棋盘像真正的国际象棋棋盘那样涂成黑白相间的。如果四个角上方格都被涂成黑色,那么我们会发现,无论哪种解法都是从黑色格子开始,到黑色格子结束。为什么会这样?因为黑色格子有 13 个,而白色格子只有 12 个。无论朝哪个方向前进,马总是从白色格子进入黑色格子,或从黑色格子进入白色格子。因此走遍所有这些格子的任意序列都一定是:黑－白－黑－白－黑－白……黑,并且最后一个黑色格子绝不可能是出发时的那一个。

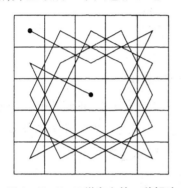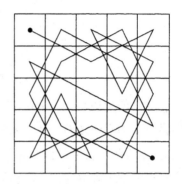

图 1-7　5×5 棋盘上的一种解法　　**图 1-8　5×5 棋盘上的另一种解法**

5×5 棋盘上的多种解法似乎预示着随着棋盘的增大,解法也在增加。事实上的确如此,图 1-9 表示的就是马的游历问题早期的解法之一。这个由国际象棋手艾尔摩尼(Al Mani)提出的解法展示了模式和特质的奇特组合。

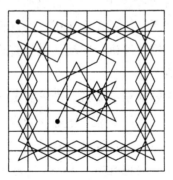

图 1-9　在 8×8 棋盘上的马的游历

[Jellis @ http://home-freeuk.net/ktn/1a.htm]

欧拉一如既往地发挥了他的天才智慧,提出了 5×5 和 8×8 棋盘上的新奇解法。图 1-10 是欧拉给出的 5×5 解法,步数用数字表示。从左下角到右上角的对角线上的步数形成一个公差为 6 的等差数列!

23	18	5	10	25
6	11	24	19	14
17	22	13	4	9
12	7	2	15	20
1	16	21	8	3

图 1-10　欧拉的马游历路线

有些马的游历不仅十分优美,而且有一个动态元素:我们好似在观察马在棋盘上的巡游活动一般。同时,我们也意识到,从我们界定条件的那一刻起,所有的可行路线都是在"理论上"的。不过我们仍然需要在不断的实践过程中去发掘它们,而这是一个艰难的任务。

原始的马的游历问题有许多变化版本。"花式象棋"的发烧友们通过作一些改变推广了这一问题,如变化棋盘的形状和大小,三维棋盘上马的游历,或加大马的"步伐"——令其直行三格后再转直角走一格,等等。

乍一看,柯尼斯堡桥问题和马的游历问题是不同类型的题目。国际象棋棋盘是纯粹的几何图形,仅由直线、直角和 64 个完全相同的黑白格子组成。但是棋类游戏不一定要在这么正规的棋盘上才可以玩,据说也有在非常奇特的棋盘上用特殊棋子来玩的棋类游戏,比如监狱的犯人在牢房里就"因地制宜"玩。

国际象棋也可以在脑海里下着玩。世界冠军阿廖欣(Alexander Alekhine)曾经同时进行 32 场"盲棋"比赛。1937 年,科尔塔诺夫斯基(George Koltanowski)以 34 场的成绩打破了这个纪录,而后纳道尔夫(Miguel Najdorf)将这个纪录提升到了 45 场。1960 年,弗莱施(Janos Flesch)同时进行 52 场比赛,胜 31 场、平 18 场,仅输 3 场。随后,俄罗斯颁布条例禁止他们的顶尖国际象棋手参与盲棋表演,因为这会导致他们极度的脑力疲惫。[Birbrager 1975]

直至今日,世界青年锦标赛冠军马梅季亚罗夫(Shakhriyar Mamedyarov)训练盲棋时,脑中可思索数千棋局。现在的一些巡回赛也把赛事分为常规赛、快棋赛和盲棋赛。

问题的核心在于棋手不需要棋盘也可下棋。事实上，无需任何超能记忆力，绝大多数优秀的国际象棋选手都可以同时在脑子下数盘棋。"大脑里的棋盘"如何工作？这是生理学家迄今无法解释的"神秘第六感"在起着作用。不过，盲棋的准确程度要略差一些，因为在下棋时，几何精确度其实并不是必须的。我们只需要记住方格的相对位置，正如我们在这个不精确又"丑陋"的 5×5 棋盘上可以看到的，它是另一个解法的开局：

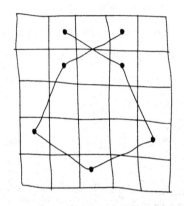

图 1-11　手绘 5×5 棋盘上"马的游历路线"的开局

如同简化后的柯尼斯堡桥一样，棋盘在这里不过是一个拓扑对象，重要的是格子间的相对关系。而整齐划一的格子——就像常见的国际象棋棋盘那样——不过是为了让游戏者看上去更舒服。同样，重要的只有棋子的"动作"而非其形状或大小。

我们再一次遇到了抽象过程，本质特征被抽提出来，非本质的被舍弃。国际象棋本身被普遍认为是对两军对阵的抽象，把真实战争的血腥、混乱抽离出去，在 64 个小方格、每边 16 个棋子的棋盘上创造出一场行为和策略的游戏。

卢卡斯与数学游戏

卢卡斯(Édouard Lucas,1842—1891)是一位才华横溢的法国数学家,格外热爱数学游戏。他在其著作《数学游戏》(*Récréations Mathématiques*)一书中讨论了他于1883年发明且以暹罗克劳斯(N. Claus de Siam)这个笔名发表的游戏"河内塔",称其为"解释二进制系统的组合游戏"。这个游戏风靡一时,并且很快推出了名为"八道题"(the Eight Puzzle)的广告版。在这个广告版的游戏里,每个游戏盘上都印有一个产品广告。同时,卢卡斯还制作了一个一米多高的巨型版向公众展示。这个"河内塔"虽然只是一个适合单人玩的简单游戏,但确实十分有趣,同时也十分"数学"。这个游戏是这样玩的:请把游戏柱 *A* 上的圆盘移动到 *C* 柱,在移动的过程中,需要遵循以下两个简单规则:

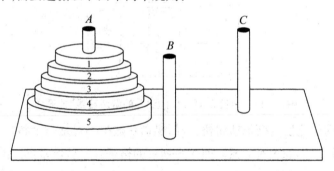

图 1-12　河内塔游戏

1. 每次仅能移动一个圆盘。

2. 大圆盘不能盖在小圆盘上面。

简单而言,要想把5个圆盘都从 *A* 移动到 *C*,那么首先要把最上面的4个移动到 *B*,随后把最大的圆盘移动到 *C*,再把上面4个圆盘从 *B* 移动到 *C*。这个游戏的玩法如下:

1 移动到 *C*	2 移动到 *B*	1 移动到 *B*	3 移动到 *C*
1 移动到 *A*	2 移动到 *C*	1 移动到 *C*	4 移动到 *B*
1 移动到 *B*	2 移动到 *A*	1 移动到 *A*	3 移动到 *B*
1 移动到 *C*	2 移动到 *B*	1 移动到 *B*	5 移动到 *C*

然后再重复上述过程将 1—4 号圆盘从 B 移动至 C。

为什么说这个游戏非常具有数学性？有以下 3 个原因：

- 这个游戏是抽象的。
- 这个游戏可以不依赖实体而在脑海中玩。
- 这个游戏的结论是可以被证明的。

这个游戏是抽象的。任何物品都可以用来作为"圆盘"，并且它们的尺寸其实并不重要。虽然规则是按大小来区分这些圆盘，但你也可以按颜色由浅到深或按字母顺序来排列它们。唯一重要的就是它们是按照某一固定顺序来排列的。

这个游戏可以不依赖实体而在脑海中玩。你可以自己试一下：先从 2 个圆盘开始，然后是 3 个，再 4 个，看看你是否能够正确地、快速地移动它们。（根据简单的规则就可以知道首先该把圆盘移动到哪个空柱子上）

这个游戏的结论是可以证明的，而我们几乎已经完成了证明过程。为了把第 $N+1$ 号圆盘从 A 移动到 C，第 N 号必须先被移动到 B，然后第 $N+1$ 被移动到 C，其余的再从 B 到 C。因此，移动 N 个圆盘需要 P 步的话，那么移动 $N+1$ 个圆盘就需要 $2P+1$ 步。下面就是移动 n 个圆盘所需要的最小步数数列：

圆盘数量：1　2　3　4　5　6　7　8　9　…
所需步数：1　3　7　15　31　63　127　255　511　…

移动 N 个圆盘所需的步数是 2^N-1。（推广河内塔是一件非常困难的事。如果不是有 3 根空柱，而是 4 根或 5 根，会需要几步呢？如果这些圆盘最初不是放在同一个柱子，而是分散在几根不同柱子上呢？这些问题就复杂多了。）

我们给出的结果并不需要图片或表格，但如果想的话我们仍然可以通过图 1-13 来展现这个结果。圆盘数量为 3 时，我们把所有可能的走法在下面这个形状与帕斯卡三角非常相似的图中列了出来。

（这是个数学图，因为它由顶点和线段构成，每个顶点代表一个位置，每条线段连接的两个位置，可以通过一次移动到达）。

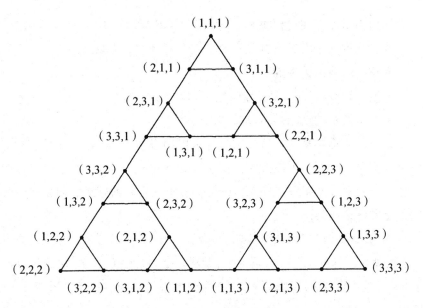

图 1-13　河内塔游戏图

比如,(2,3,1)表示最小的圆盘在柱 2,中间的圆盘在柱 3,最大的圆盘在柱 1。如果一开始所有 3 个圆盘都在柱 1,那么沿着图中三角形最左边的一条边由上到下,只需 7 步就可以全部移动到柱 2。

我们可以说,"原始的"实物游戏和这张图表示的是完全一样的形式或结构,区别只是在这张图里观察从一个点移动到另一个点要比用玩具完成其代表的移动简单得多。

这张图也说明了一个我们会反复遇到的关键问题:河内塔游戏的原始规则非常简单,除了有三个柱子以及由小到大的圆盘之外,并未提到任何图案或者结构。然而一旦我们对其进一步研究,就会发现其隐含在游戏规则下的隐藏结构,它只能通过经验、想象力和洞察力发现。我们在思考解决这个谜题时感受到了这隐藏结构,而这张图让这个结构可见。

卢卡斯单人对策游戏的数学计算

卢卡斯的爱好之一是判断一个数是否为素数。卢卡斯是第一个给出迅速检验一个极大数是否为素数方法的数学家,他的方法比除以所有可能的因数的排除法快得多。1876 年,他通过下面的检验法证明了巨大的梅森数 $M_{127} = 2^{127} - 1$ 是一个素数:

假设 $p = 2^{4m+3} - 1$,其中 $4m + 3$ 是素数。构造如下的数列:

$$3 \quad 7 \quad 47 \quad 2207 \quad 4\,870\,847 \quad \cdots$$

满足 $S_1 = 3$,且 $S_{n+1} = S_n^2 - 2$。当 p 能被 S_k 整除时的最小 k 值是 $4m + 2$,则 p 为素数。

这个检验法理论上很简单,但需要大量的计算。卢卡斯是怎么通过手算就做到的呢? 他用特有的直觉使用了二进制进行计算,把这一计算变为在 127×127 大小的国际象棋棋盘上的一种游戏。这里是他在计算较为简单的 M_7 时用到的方法。(敏感人群可以跳过此部分解释。)

检验的主要过程涉及开方、减 2 和约化 127 的模数。从 S_3 到 S_4,我们首先用二进制写下 S_3,即 101 111。随后,我们用传统长乘法对二进制做平方。

```
        1 0 1 1 1 1
        1 0 1 1 1 1
      ─────────────
        1 0 1 1 1 1
      1 0 1 1 1 1
    1 0 1 1 1 1
  1 0 1 1 1 1
0 0 0 0 0 0
1 0 1 1 1 1
```

随后,由于我们只需要求出模 127 的答案,并且我们知道 $2^{7+m} = 2^m \pmod{127}$,所以 $2^7 = 2^0, 2^8 = 2^1, 2^9 = 2^2$,以此类推。我们把长乘法的每一行表达在这个方阵中:

<pre>
列数: 7 6 5 4 3 2 1
      0 1 0 1 1 1 1
      1 0 1 1 1 1 0
      0 1 1 1 1 0 1
      1 1 1 1 0 1 0
      0 0 0 0 0 0 0
      1 1 0 1 0 1 1
</pre>

卢卡斯表示，使用部分国际象棋棋盘，以兵代表 1，空白格子代表 0，遵循下列两个原则：

1. 从列 2 中移走一个兵（如有必要时，但仅能移走一次）。这代表从平方中减去 2。如果列 2 没有出现兵，那么必须从最终结果中减去 2。

2. 任何一列出现一对兵时，从该列拿走一个兵并将另一个移至其左侧列，记住列 7 的左侧列是列 1。

不断重复这一操作，直至最后所有的兵都在第一行。卢卡斯称只要稍加训练，这一"游戏"可以玩得飞快。这也是他证明 M_{127} 是素数的方法。另一方面，这种证明方法也容易犯错。这也解释了为何卢卡斯后来一直对其是否真的证明了 M_{127} 是素数表露出一丁点儿的不确定。

欧拉别出心裁的方法表明，即使是来源于生活的智力题和著名的游戏都可以是奇妙的数学的基础。卢卡斯的巧妙转化则反其道而行之——他把可怕的数学计算变为了一种简单的游戏。近些年，数学家们将目光投向许多其他的生活场景，用数学的眼光来看待它们。你是否曾经在切蛋糕时说："我来切，你来选？"这是最简单的公平分蛋糕的办法，保证吃蛋糕的两个人都满意——但是如果有三个人或者更多人要分蛋糕呢？在罗伯逊（Jack Robertson）和韦伯（William Webb）所著《切蛋糕的算法》（*Cake Cutting Algorithms*）一书中你将找到答案。

你一定也知道，系领带的系法远不止一种，从标准的男生结到已故公爵最爱的温莎结，等等。绳结非常古老，然而又是现代数学分支拓扑学的重要组成部分。因此，两位杰出的剑桥数学家芬克（Thomas Fink）和毛勇（Yong Mao）写了一本《领带的 85 种系法：领带结的科学与美学》（*The 85*

Ways to Tie a Tie：*the Science and Aesthetics of Tie Knots*）。这本书在 2005 年成为亚马逊数学类畅销书排行榜的第五名。如果这还不足以引起你的兴趣，那么波尔斯特（Burkhard Polster）的《鞋带书：系鞋带的最佳（及最糟）数学指导》（*The Shoelace Book*：*A Mathematical Guide to the best（and Worst）Ways to Lace Your Shoes*）随书附赠鞋带一对，供你自由练习。

记住：如此多的让人困惑的日常生活场景中蕴含着奇妙的数学，那儿的数学比我们想象中多得多！

第2章 四则抽象游戏

抽象游戏自然而然地引出智力题和数学趣题,如欧拉的马的游历问题或"8 个后之谜"(图 2-1):如何在国际象棋棋盘上摆放 8 个后,保证谁也不能吃掉另一个?

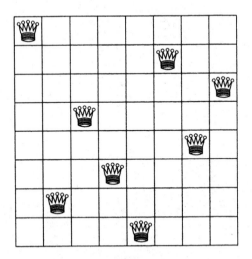

图 2-1　8 个后互不相斥问题

答案看上去简洁而优美,但不要被迷惑——其实总共有多达 96 种答案。但如果把中心对称或轴对称的解法都算作一种(其实只有一种对称解法),那么解法数就降到只有 12 种了。

反过来,很多数学问题也可以通过增加简单的法则转化为抽象游戏。这其中最有名的例子,就是由戈洛姆命名并发扬光大的五格拼板游戏——戈洛姆游戏(Golomb's Game,又名多方块游戏)。

从杜德尼趣题到戈洛姆游戏

第一个五格拼板游戏是由英国著名智力题大师杜德尼制作并在其著作《坎特伯雷故事和趣题集》(*The Canterbury Tales and other Curious Problems*, 1907)第74题中提出,题目为:"破碎的国际象棋盘"。题中,他描述了一个中世纪王子用棋盘打破了对手的脑袋,而棋盘碎成了12块五格拼板和一个2×2小方块的故事。

图2-2　12块五格拼板

毫无疑问,这道题是要重新拼装最初的国际象棋棋盘。在图2-3杜德尼的答案中,多余的那个2×2小方块被放在了右手边。随后,也出现一些只保留了12块随机五格拼板的题目,直到1954年,戈洛姆在《科学

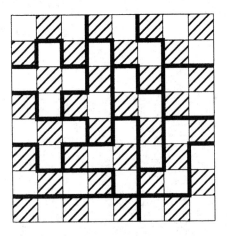

图2-3　杜德尼五格拼板问题的答案

美国人》(*Scientific American*)的一篇文章中将其命名为"五格拼板"。在 1965 年,他又出版了一本书,名为《多联骨牌》(*Polyominoes*)。

　　为了将谜题变成游戏,戈洛姆建议玩家轮流把 12 块五格拼板放在 8×8 的国际象棋盘上。当然,玩家不能把一块拼板重叠在另一块拼板上方,也不能越过边界。最后一个把拼板放在棋盘上的人成为胜者。

　　一些闻名于世的抽象游戏本身具有许多数学特性。在此,我们将通过讲解四个例子加以佐证,从简单、古老的九子棋(Nine Men's Morris),到现代游戏六边形棋(Hex),有古老的国际象棋游戏,还有更加古老的东方游戏——中国围棋。

九子棋

九子棋也叫"九个男人的莫里斯"(Nine Men's Morris)棋或者"梅雷尔斯"(Merelles)棋、"穆勒"(Muehle)棋、"莫伦斯皮尔"(Molenspel)棋或"米尔"(Mill)棋。这是一个古老而又简单的棋类游戏,有点类似小孩子玩的"井字游戏"或"连三子棋"。类似于九子棋的棋盘最早发现于公元前1300年古埃及卡尔纳的拉美西斯神庙的壁刻中。莎士比亚作品《仲夏夜之梦》(*A Midsummer Night's Dream*)中也提到了这个游戏。这个游戏风靡了整个中世纪的欧洲甚至于中国(称为"直棋")。鉴于历史悠久,游戏的规则、棋盘的大小和棋子数量都有差异,棋子可能是3、6或12(而非9)。

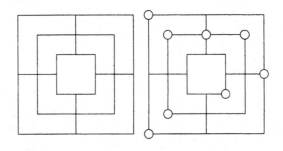

图 2-4　九子棋

游戏从空棋盘开始(图2-4)。在第一阶段,玩家轮流在棋盘的一个节点上放置一枚棋子,或将棋盘上的一枚棋子沿着直线挪动到一个相邻节点。玩家把三枚相邻棋子连成一排(称为三杀)时可以"吃掉"对方的一枚棋子,将这枚棋子从棋盘上拿走,不能再次放回(而有些规则里,对方已经形成的三杀中的棋子是不能被吃掉的)。

一旦所有棋子都放到棋盘上,游戏就进入"第二阶段"。此时的每步是将一枚棋子沿直线挪到相邻位置,以形成"三杀"吃掉对方棋子(如果一步同时形成"双三杀",则可一次吃掉对方两枚棋子)。在这个阶段,玩家可以将一枚棋子暂时移出三杀,下一步时再移回来,再次形成"三杀"并吃掉对方棋子。当某一方玩家只剩下一枚或两枚棋子时,游戏结束。只剩一枚或两枚的玩家为输家。

作为一个抽象游戏,九子棋非常简单。在如今这个计算机逞能的时代,这个游戏已经被完全解开了,尽管它有约 10^{10} 种可能的棋子摆法,10^{50} 种可能的棋局。1993 年 10 月,加瑟(Ralph Gasser)证明当双方均不失误时,游戏最终会和局。为此他写了一个玩九子棋的电脑程序,起名为"灌木丛"。如今,"灌木丛"已是世界顶尖九子棋棋手。

九子棋满足了我们对于智力游戏和趣题的全部要求。它既是抽象的,任何材质和形状的物品都可以拿来当作棋子,只要它们按照规则和要求摆放和移动即可。毫无疑问的,只要你有足够好的记忆力,你当然可以在头脑中进行九子棋游戏。

要想玩得好,你需要在落子前精确"计算"棋局。另外,尽管每个人对"美"的定义不尽相同,但这个游戏仍然具有一定的美学价值。最后,如果想要成为九子棋领域的强手,那么你必须不停探索这个游戏小世界。唯有不断探索,不断思考,不断尝试,你才能发现这个游戏的特点,落下第一枚棋子的最佳位置、最佳开局棋路以及最佳的排兵布阵方式。

九子棋的游戏世界里有着无穷多的可能性——完全由规则所创造——但这些可能性远比规则丰富且复杂得多。规则本身并不会告诉你什么可能性由它而生,这完全需要由你——也就是玩家——自己通过长时间的探索去发掘。通过一系列极富技巧的过程,你可以得到一些非常基础的证明:通过分析许多可能性,你可以证明在某种特定的棋局下,无论一方怎样应对,另一方一定能够赢得比赛。我们也可以就这个游戏本身提出很多疑问:这个游戏最短需要多少步? 最长需要多少步? 如果棋盘尺寸发生变化,情况又将如何?

六边形棋

六边形棋是由丹麦数学家海因(Piet Hein)在 1942 年发明的。初时，他把这个游戏称为"Con-Tac-Tix"棋，当时他还只是尼尔斯·玻尔理论物理研究所的一名学生。他将这个游戏命名为"多边形"(Polygon)棋推向市场，很快这个纸加笔的游戏就风靡整个丹麦。海因发明这个游戏的灵感，来自他当时正在研究的"四色理论"，这个理论称只需要四种颜色即可对平面地图进行着色，并且任何相邻两个区域的颜色都不同。这一理论使他想到了区域链，由此产生了"六边形棋"的灵感。

1948 年，远在美国的普林斯顿大学数学家纳什(John Nash)也独立发明了这个游戏。纳什就是 2001 年美国著名电影《美丽心灵》(*A Beautiful Mind*)的男主角原型：天才数学家，患有精神分裂症并奇迹般地在多年后自愈，并获得了诺贝尔经济学奖。1952 年，帕克兄弟公司(一家游戏公司)开始批量生产纳什版的六边形棋游戏。

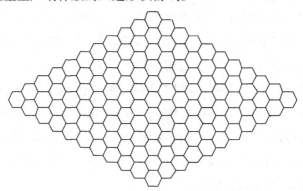

图 2-5　空的六边形棋棋盘，11×11

"六边形棋"的棋盘是一个由六边形组成的平行四边形，通常呈菱形。棋盘的两组对边使用两种不同颜色，代表两位玩家。最常见的棋盘尺寸为 11×11，但是实际上任何其他尺寸甚至其他形状的棋盘都能玩。甚至曾经有人在美国地图上玩，把国境线分为四段设置为棋盘的四边。

"六边形棋"的游戏规则极其简单：开始时，棋盘是空的。玩家轮流将他们各自颜色的棋子放到棋盘上的空白六边形内。谁能够先用自己颜色的棋子连接对边,谁就是胜者。

"六边形棋"看似无法掌握规律。虽然规则极为简单,但在 11×11 的棋盘有 121 种开局,所以所有可能开局的后续走法分析让人望而生畏。我们可以说,每一局棋都必然有一个玩家取得最终胜利,因为只有一种颜色的棋子链能够彻底阻止另一方棋子连线。这是纳什得出的结论。同样的,在 1949 年,他证明先手使用最佳走法必定获胜,然而他给出的是存在性证明,关于获胜策略他只字未提。

同样不幸的是,由于先手优势太大,所以现在多数"六边形棋"游戏增加了一条"交换"规则:当先手走完第一步后,后手有权利选择与先手"交换",并以对方的第一步棋作为自己的游戏开局。(这有一个缺点,就是导致先手在第一步时"乱下";而棋盘越大,第一步的优势就越不明显。)

纳什更青睐 14×14 的棋盘。这会令游戏难度增加,但也更有更大的机会出现游戏策略:如果棋盘很小,获胜主要取决于"计算",而战略的作用几乎体现不出来。(这也是所有棋类游戏的共通点:棋盘越小,技巧越重要;棋盘越大,战略越重要。)

六边形棋已经成为了人工智能爱好者最爱的游戏。通过计算机分析,他们已经完成了对 7×7 棋盘上的六边形棋的分析。这意味着他们已经发现了获胜策略——先手在棋盘中心落子,占领对称中心优势。

即使与九子棋相比,六边形棋仍是一个极具数学性的游戏。事实上,利用六边形棋,人们证明了纯粹数学中的布劳威尔不动点定理。这个理论可以用两张地图来表述:两张内容一样但大小不同的地图,其中较小的一张完全叠在较大那张的上方,如图 2-6 所示:

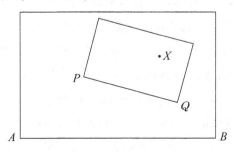

图 2-6　重叠的地图及其公共点

其中，*PQ* 与 *AB* 对应。布劳威尔不动点定理表明：在图中存在一个公共点 *X*，代表两张地图上的相同位置。（而即使上面那张地图不是平放，而是被揉成一团，这一定理也同样成立。但如果一张地图的一角越过了另一张地图的边界，那么定理就不再成立了。）

证明这一定理的方法之一，就是创建一个地图序列，每一对地图的关系都与前一对相同，那么地图越变越小，趋向某个极限点，这个点就是问题的解。

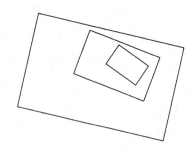

图 2-7　重复的地图序列

当然，布劳威尔不动点定理本身的证明要比这复杂得多。然而，纳什的同学之一盖尔（David Gale），把这一定理与六边形棋不可能平局等价起来，证明了这一定理。

六边形棋的小世界远比九子棋的更复杂。相应地，有更多的战术可能性和战略思想。虽然棋盘在开始是空白，但那不过是一种假象。尽管游戏规则和棋盘本身简单到不可思议，但它们却构成了一个无比复杂的可能性的世界：这个世界并非无中生有，却也几乎是如此，而从游戏被发明的那一刻起，这些潜在的模式和可能性就存在了。

第一本完整介绍六边形棋及其游戏技巧的书诞生于 2000 年，作者是布朗（Cameron Browne）。在这本《六边形棋策略：做出正确的连接》（*Hex Strategy: Making the Right Connections*）［Browne 2000］中，他使用了一些技巧术语，如：搭桥（bridge）、建模（template）、跨越（spanning paths）、搭梯（ladders）、聚合（groups）、链接（chains）和边防（edge defence）等。这些丰富的理论会帮到熟练的玩家。［布朗还出版了另一本更为通俗的《连线游戏》（*Connection Games*）。]

然而，要想发现这些技巧和战术，其实并不容易。许多年前，我还是杂志《游戏与谜题》（*Games & Puzzles*）的编辑时，写过一篇通桥棋的评论——六边形棋的一个专有变种，通过马的移动来连接柱子——当时我犯了一个错误，在没有咨询游戏发明者兰多夫（Alex Randolph）且经验浅薄的情况下，对游戏做了注解并发表在杂志上。我对于通桥棋只有相当肤浅的认识，很快收到了一封回信，指出了我注释中的诸多谬误，令我汗颜不已。

六边形棋的复杂和优雅，我的描述可能不足以表现其十之一二。据我了解，目前尚没有关于六边形棋最佳策略的棋谱出版。不过谁知道呢，也许会有这么一天的。当然，在那之前，感兴趣的读者可以暂时通过布朗的书了解、尝试六边形棋。

国际象棋

基恩（Raymond Keene）曾经说过，国际象棋是无言的战争［Keene 2006］。国际象棋中没有流血没有伤痛，只有头脑和精神的对抗。早期波斯人曾经罗列了国际象棋的十大优点，其中第一条是提升思维，第十条则是融合了战争与运动［McLean 1983：113］。

国际象棋的复杂程度要远胜于六边形棋和九子棋。国际象棋不仅有六种不同的棋子，而且棋子的行走规则也更为复杂。国际象棋的开局受历史影响而决定，且有高度的随意性，如王车易位规则和现代国际象棋规则中关于移动的三次重复。因此，国际象棋的规则极难理解，而要想完全理解则几乎不可能。

还没有人尝试过从数学的角度证明是否先手赢面更大，或是最优玩法必然以和局告终，或是某些特定的开局会令黑子或白子赢得比赛。

棋手们在对弈的过程中尽可能地分析实际的每一步，但要下得好，对战术战略的深度理解和创造性的想象力不可缺少。这些想法往往是灵光乍现，需要反复切磋、运用，历经数代伟大的棋手才上升成战略战术理论。而今，这些理论已被写入成千上万本棋谱之中。即使到了 1950、1960 年代，仍然有更强的开局思路被发现、发明出来，而计算机分析也在揭露许多国际象棋残局的秘密。

随着经验的增长，棋手能够在对方的落子过程中洞察到其中的战术，也会逐渐拥有战略的眼光。通过不断地对弈，他们归纳总结出自己的理论。想要成为出色的棋手，加快对棋局的深层、直观理解，就要不断学习棋谱，复盘名局和与他人（尤其是实力强于自身者）对弈。与练习高尔夫、网球、足球一样（这些运动也有一些抽象的共性），培养你的象棋领悟力是终生的任务。

国际象棋异乎寻常的精妙，解释了一个有趣的现象：国际象棋数量庞大的变种是依靠其中极少数发展而来的，而这极少数变种受到高度重视并有百万名玩家。改变任何抽象游戏都很简单，只需要问"如果……会怎样？"即可。如果国际象棋在三维棋盘上对弈会怎样？如果在一个更大的棋盘上玩会怎样？如果改变棋子的行走方式会怎样？如果有两种"马"会怎样？如果不是每人走一步，而是先手走 1 步，后手走 2 步，先手再走 3 步，以此类推，会怎样？这些变种都真的存在过，最后一种叫作"递进式国际象棋"（Progressive Chess），非常有趣。每种国际象棋变种的"寿命"都不长，也算是一个额外的长处吧。

几乎所有的国际象棋变种都存在一个问题，那就是深度不够。国际象棋已经有几百年历史了，在漫长的岁月里，已经有无数的战术和战略被发现。没有"深度"，就不会有大师赛，不会有世锦赛，不会有棋谱被发表，也不会有人用"美"来形容这个游戏。

人们常说，如果国际象棋被发明在现代，那就不会有现在的盛况了。这个游戏太难，新手无法迅速掌握。可以想象，未来一些超强计算机将能够对一个新的抽象游戏进行快速分析，发现大量战术战略和有深度的策略，使之变得富有吸引力，在面对国际象棋和围棋时也有竞争力。与此同时，一些极为出众的新游戏，比如由世界国际象棋冠军拉斯克（Emmanuel Lasker）发明的拉斯克叠跳棋，也只能获得为数不多的粉丝了。

拉斯克（Emmanuel Lasker，1868—1941）

数学家们极少也精通抽象游戏。反之，精通抽象游戏的人也很少是数学家。拉斯克可能是个例外：他是位数学家，尽管成年后在数学上所费时间并不多，同时也是 1894—1921 年国际象棋世界冠军。

在成为世界冠军后，他于 1900—1902 年师从伟大的数学家希尔伯特（David Hilbert）攻读高等学位。1901 年，他成为了英国曼彻斯特维多利亚大学的数学讲师，并提出了准素理想的概念，也就是素数的幂概念的推广。在他最出名的一篇论文中，他证明了"多项式环的基本分解"的存在性——这在今天被称为拉斯克—诺特定理。这个定理以拉斯克和诺特两人的名字共同命名。诺特（Emmy Noether）是历史上最出色的女数学家之一，她于 1921 年在拉斯克开拓性工作的基础上给出了更一般化的证明。

1911 年,拉斯克发明一个国际跳棋的变种,称它为"拉斯克叠跳棋"(Lasca)。在一本名为《拉斯克叠跳棋规则,伟大的军事游戏》(*The Rules of Lasca, the Great Military Game*)的小册子中,他详细描述了这个游戏。这个游戏共有两种棋子:士兵和军官,这些棋子可以叠起来。这本书于 1973 年由德国施密特游戏公司再版。后来,他又写了一本关于棋类游戏的著作:《盘上游戏》(*Brettspiele der Volker*, 1925)。

与此同时,拉斯克也是桥牌大师,会下围棋,也撰写过哲学著作。他的两本作品被翻译成英文《奋斗》(*Struggle*, 1907)和《未来的社区》(*The Community of the Future*, 1940)。他还是爱因斯坦的好友。在汉纳(Jacques Hannak)为拉斯克撰写的传记里,前言部分就是由爱因斯坦写的。

拉斯克确是罕有的博学多才者。

国际象棋的战略思维很难形成文字。毫无疑问,在落后的兵前面的方格在某种意义上是弱点,但这个众所周知的事实在实际对弈的过程中则取决于其他棋子的位置和局势。

国际象棋不仅难,而且几乎无论你走到哪一步(除了开局和少数残局),你所面对的棋局都是全新的。于是,国际象棋的一个决定性特征就是使用类比:你必须穷尽过去所有经验,找到熟悉的类比,归纳你的经验,专注于战略理解。当然,如果你不加鉴别地利用类比,会输得一败涂地。

当然,从另一方面来讲,国际象棋的每步棋都是可以计算的。理论上棋手可以提前计算出很多步,甚至提前算出结局。不过实践中,多数情况下即使是最出色的棋手也只能提前计算出几步而已,因为"可能性树"扩展得太快。正是因为这样,适当的取舍判断极为重要。

棋手需要做出取舍,决定哪条决策路径是其首选,然后判断一个他们认为可以到达的局面——假设他们的分析没错的话——更有利于自己还是有利于对手。实际上,棋手们会基于实际棋局的判断和分析构筑关于棋盘上局面以及他们将来可能到达的局面的猜想。水平越高的棋手,他们的猜想——往往——或多或少也更合理。

所以,对某一个特定的棋局的分析是高度科学性、数学性、分析性和需要想象力的。在图2-8中(塔塔科维-施通佩尔斯,1947巴伦),毫无疑问,白棋当前可以走马—e4,然后走车—b3和马—c3或马—c5,将黑后困死,从而取胜。这一分析和数学中的任何证明一样理想,甚至更为简练。在图2-9(克莱因-塔塔科维,1935赛事)中,尽管白棋以四个兵对黑棋的三个兵,比起常以和局告终的三个兵对两个兵赢面更大,但要想证明棋局最终走向何处可不是容易的事情。

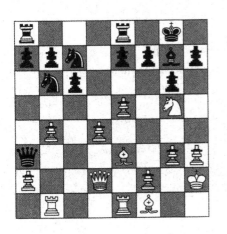

图2-8 白棋胜

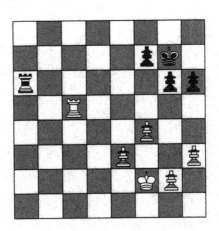

图2-9 一个不确定的结果

当我们不再通过严格的分析来获得结论,而是用强空格、弱王局面、强兵结构、两象对两马这样的概念时,我们讨论的不再是游戏式的概念,我们也不再能轻易地分享我们的结论或有效地进行交流。"强空格"是一个科学概念,而非数学的,它是棋手的科学理解的一部分。而另一方面,另一些国际象棋问题,则是纯数学的,比如,如何移动一枚"象"使其以最少步数(17步)途经棋盘上的每个格子(图2-10)?

这个问题的答案如典型的"马的游历问题"一样——是模式和无模式的混合,通过机智的战术策略和试错法组合构建的[Novcic 1986:65]。

这些例子强调了国际象棋、六边形棋和围棋与数学的另一个相通之处:对于记法的应用。无论是大师赛还是锦标赛,其所记载的棋局最好同

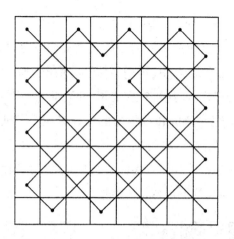

图 2-10 8×8 棋盘上象的路线

注解一起被出版。棋手们在没有棋盘的场合谈论比赛时也使用记法,如"我应该立刻就下 f4 的,然后如果你下 e5 就很好。马—h7 有点糟糕,因为如果你用车—e8 来牵制我,那么后—g4 就是双重威胁了。"

如果棋手在实体棋盘上下棋,他们有可能在无意中(或者有时是有预谋的)把一枚棋子一半落在一个格子,另一半落在另一个。而在头脑中使用记法玩时,这样的事情就不可能发生了——尽管你可以说得含含糊糊的,让你的对手听不清你在说什么!

当然,数学也有自己的记法、语言、数字、图表、例解,等等。

国际象棋的每一种合理的可能性,都受到其规则的制约,而正是这些规则创造了所有棋局的微妙性和丰富性,从施泰尼茨(Steinitz)、费舍尔(Fischer)、卡斯帕罗夫(Kasparov)这些伟大棋手的世界级比赛,到当地俱乐部里业余爱好者们错误百出的娱乐消遣(从国际象棋在古印度起源以来,这一游戏的规则曾经更改过数次,而随着每次规则的改变,战术和策略也会随之发生变化)。

这就引出了另一个问题:"国际象棋游戏的这些特点,究竟是被'发明'的,还是被'发现'的?"在被"发现"之前,国际象棋中的弱空格位置是否早就存在?西西里防御是由一位天才的意大利人发明的吗?还是它早已作为一个可能性存在,只不过被他发现了?著名的"闷杀"是被"发现",还是"发明"的？或许两者都有。国际象棋游戏本身以及它的许多变种是被"发明"的，它们显然是人为的，但其规则所引出的特性，则是在不断地实战中被摸索发现出来的，而这个过程已经延续了数百年，直至今日。

国际象棋，以及许多其他的抽象游戏，都是由人类发明出来的。但这些发明的含义却不是轻易能够看透的。当棋手就开局有一个原始的设想时，这可能是他个人的独特想法，但若是这个设想被证实合理，则这个发明变成了一次有效战术的发现。抽象游戏的规则可能很简单，但其含义可能深不可测。人类的创造力既包括从模糊不清的现象中找到规律的明灯，也包括创造出新的"模糊"。

尽管表面看上去不一样，但实质上数学也有着同样的特点。如果一位数学家认为自己发现了一个全新的定理，但后来被证明是错误的，那他可能想当然地认为是自己"发明"的证明不奏效，就如一些为了完成特定功能而设计、实际却无效的机械装置。但如果这个定理被证明是正确的，那么他可能认为这个定理就是刚被发现。正如汉明（Richard Hamming）提到自己的数学研究时所说：

> 当我审视自己的信念……我发现如果结论看上去很有价值，那我可能只是发现了它，但如果看上去微不足道，那我可能是发明了它。[Hamming 1998：649]

围棋

围棋有着非常古老的历史,流行于日本、中国和韩国。在日本,最好的围棋棋手相当于我们的国际象棋大师,是收入丰厚的职业,收入可与西方国家的职业高尔夫选手媲美。他们的比赛往往有很多狂热的粉丝观战,其本人也常在商界名流的邀约之列,而这些商界名流往往也以拥有较高的业余围棋水平作为身份的象征。

标准的围棋棋盘是 19 路 × 19 路,不过也有更小的,13 × 13 或 9 × 9 的棋盘用于新手教学。对弈开始时,棋盘为空,对弈双方一人执黑,一人执白,轮流落子,每次一枚。棋子落在路与路的交叉点(称为"点")上,同色的棋子在棋盘上连成整体,包围对方棋子(并把对方无气之子提出棋盘外)。

围棋的日本规则

这里给出的是一个简化版的规则。正式版的完整规则和注解请见:http://www.cs.cmu.edu/~wjh/go/rules/Japanese.html 。本规则由此简化而来。

围棋比赛由两名棋手在一个棋盘上落子,以占领棋盘中更多地盘(目数)论胜负。

棋盘由 19 条互相平行的横线和 19 条互相平行的竖线组成,构成总共 361 个交叉点。棋子可以落在任何没有被占领的点上。

游戏开始时,棋盘为空。

双方轮流落子,每次仅能够下一枚棋子。两位棋手一人执黑、一人执白。

当一枚棋子落下,同色的一片棋子只要横向或纵向有相邻的空白点,则能留在棋盘上,这个空白点被称为"气"。

当一位棋手落子后,如他的对手的一片棋子无气了,则把对方被包围的棋子提出棋盘("提子"),被提走的子称为"死子"。

棋手可以轮流提走对方棋子的情况,称之为"劫"。在一次劫中,若一方被提走一枚棋子,不能在紧接着的下一步提走对方棋子,而是需要在他处另走一手后才可以提回。

如果一组棋子无法被对方包围,那么就是"活棋",反之称为"死棋"。

由一方的活棋围绕的空点称为"眼"。其余空点为公共空点。只有公共空点的活棋称为"双活"。

被活棋包围但不在双活里的眼称为"空",每个眼计为一个空。

当双方棋手相继放弃下子权时,对局结束。

经双方确认终局后,双方移除自己空内对方死棋,计算死子数。

死子计入对方目数,与棋盘上的双方剩余棋子数合并计算目数。所得目数较多者为胜。

如果双方所得目数一样,视为平局,称为"和棋"。

在图2-11中,两位棋手正在棋盘一角进行博弈:在围棋中,角落常用于防御。而在开局时有两条边保护你的角落是极为重要的。

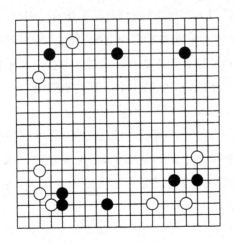

图2-11　围棋的开局

围棋的棋盘比国际象棋的大得多,棋子的走法却简单得多。这使得围棋成为穷尽人类思维极限的又一伟大游戏。从数学角度,围棋因为规则如此简单而看似在数学上也简单。不过并非如此,围棋棋盘太大且每一回合均有太多可能的走法。因此，比起国际象棋棋手，围棋棋手在依赖巧妙计算的同时，也更依赖战略决策和直觉。

和国际象棋一样，围棋棋子可以是任何形式的。在我 1960 年代学习围棋时，好的石制棋子棋盘在西方国家不容易买到，所以我们用一种杏仁糖果来代替棋子，把其中一半涂成了黑色。这种杏仁棋子的形状与日本的标准贝壳或岩石棋子相近，但重量、颜色和手感却不好。不过这丝毫没有关系，因为只要我把它们用作围棋棋子，它们就是围棋棋子。反过来也行得通，康韦（John Horton Conway）在发明"游戏人生"棋（the Game of Life）时，他没有借助电脑而是以围棋棋子和棋盘来代表游戏局势。

由于围棋棋盘很大，棋手们必须比国际象棋棋手更依赖直觉和判断力，因此编程爱好者们通过人工智能模拟围棋游戏的尝试仍然不尽如人意。

最早通过人工智能进行模拟的棋类游戏是国际象棋。1957 年，认知心理学家、人工智能先驱、诺贝尔经济学奖得主西蒙（Herbert Simon）预言十年内国际象棋冠军将由计算机获得。西蒙低估了人脑的复杂性，天真地认为电脑可以模拟人脑思考的过程，犯了离奇的错误。一直到 40 年以后，国际象棋冠军卡斯帕罗夫才在和电脑"深蓝"的对弈中输掉了一场比赛。但是深蓝下棋的模式与人类棋手有很大差异。深蓝的人工智能太过于"人工"，模拟人脑的工作要比西蒙及其同事纽厄尔（Alan Newell）所以为的难得多 [Wells 2003：159－60]。

而围棋的电脑分析更为落后。且近期内也不太可能实现一个人工智能程序击败顶级职业选手。时间从 1985 年推移到 2000 年，宏基（Acer）电脑公司和应昌期围棋教育基金悬赏一百万美金，奖励第一个击败职业选手的围棋程序。

组合博弈论

有一些游戏不像国际象棋或围棋那样复杂，而是简单到可以完全由数学方法来解决。尼姆（Nim）取子游戏就是其中一种。游戏从几摞垒起的小石子或其他物件开始,玩家轮流从其中一垒中取走一颗或几颗石子,也可以把该垒全部取走。这个游戏决定胜者有两种规则:一种是取到最后一颗石子的玩家输,另一种是取到最后石子的玩家胜。

1901 年,布东(Charles Bouton)彻底"解决"了尼姆取子游戏:对于给定的垒数,哪位玩家会获胜以及玩家如何走能确保获胜。像河内塔游戏一样,这个问题的解用到了二进制。

尼姆取子游戏有一个重要特性,与本书所有讲过的游戏共通,那就是棋子的摆放是对双方玩家完全公开的——不像纸牌游戏,分析时需要考虑多种概率。用于分析纸牌游戏的数学游戏理论也被应用到公司间商业竞争、核武器军备竞赛、通信运营牌照拍卖等一些实际场景中。

尼姆取子游戏的重要性还有另一个原因:1930 年,斯普拉格(Roland Sprague)和格兰迪(Patrick Grundy)各自独立证明了所有无偏博弈——即任何局面下,游戏参与双方均为平等的——与尼姆取子游戏本质上相当,因此无偏博弈游戏的数量比看上去的要少得多。

"游戏人生"的发明者康韦写过一本奇书《稳操胜券之道》(*Winning Ways for Your Mathematical Plays*)。他的同事伯利坎普(Elwyn Berlekamp)和盖伊(Richard Guy)证明,某些非常简单的非无偏博弈游戏可以通过数学方法解开,但不包括国际象棋和围棋这类复杂程度过高的游戏。

康韦的灵感部分来自其早年对于围棋尾声组合游戏的研究。围棋所具有的数学性超出了其余所有游戏。继而,伯利坎普和沃尔夫(David Wolfe)撰写了棋类游戏领域的又一力作:《围棋的数学:冷静赢得胜利》(*Mathematical Go: Chilling Gets the Last Point*),把围棋的终局简化为(复杂的)计算。

靠设立基金就想让围棋软件打败职业围棋选手?太天真!目前最厉害的围棋程序比最低的业余初段水平还要低 10 级水平。而业余初段是任何一位进行"一千场比赛"的人都可以达到的水平。人脑在发现规律、培养游戏直觉方面，要比今天最强大的超级计算机都更强得多。①

　　然而，围棋的终局往往分散在棋盘几个不同区域，通常是较小的、相互独立的区域。它们不再相互影响，已经是另一回事了。使用组合博弈论，围棋的终局可以被当作一系列可解的子游戏集。我们可以说，围棋比赛的开局和中间过程的数学性比国际象棋略逊一筹，但终局时更具数学性。对于广大国际象棋和围棋爱好者来说幸运的是，尽管组合博弈论的基本定理称：

　　　　"一切完全信息博弈要么不公平（其中一人必有获胜策
　　略），要么乏味（两个理性玩家总是和局告终）。"

　　不过，理性的定义过于严格，真人游戏玩家无论多么有技巧都不可能完全理性，因而国际象棋和围棋也不会真的乏味。

　　九子棋、六边形棋、国际象棋和围棋，它们在复杂度、细节和普及度上各有千秋。最难的国际象棋和围棋，它们在极富挑战性的同时也给予参与者美和优雅的体验，所以是最为普及的。然而，这两个游戏也最难用数学思维进行理解。

　　未来还会有什么游戏被发明出来？任何遥远行星上的外星文明都可能发明一个类似九子棋的棋盘，而宇宙深处的其他星球上的智慧生物也必定发现了国际象棋盘的图案并在上面游戏，甚至模拟两军交战的游戏也会被发明，不过形式却不太可能和西方的国际象棋一模一样。而六边形棋游戏，如此简单又非随意性，可能在地球外的某处业已存在。若果

---

① 本书第一版出版于 2007 年，在此后的 10 年间，计算机技术、网络技术和人工智能技术有了质的飞越。在 2016 年 4 月，谷歌公司的人工智能 AlphaGo 在网络上挑战各国高手，实现 60 连胜。其中包括目前排名世界第一的中国围棋选手柯洁。与传统计算机程序不同，AlphaGo 采用机器学习技术，能够通过训练形成策略网络，将棋盘上的局势作为输入信息，并对所有可行的落子位置生成概率分布，然后训练出价值网络进行预测。AlphaGo 还可以通过自我对弈或挑战人类顶级高手来提升自身的棋力。——译者注

真如此,那么也许扎克行星上的玩家也会认为棋盘太小会不那么有趣,而棋盘太大则玩不了。他们也许也同我们一样,深谙数学之道,也知道白棋会赢的证明。当然,也许他们对于这类游戏的分析比我们更为深入。

正是这些游戏的本质决定了它们或多或少地具有共通性,而这正是我们所关注的数学与抽象游戏间的许多神秘联系之一。

第3章 数学与游戏:神秘的联系

  游戏与数学之间的联系如此密切,毫无疑问,很多数学家会玩国际象棋、围棋、桥牌。同样的,很多抽象游戏的玩家也进入了数学领域。

  数学与抽象游戏之间存在着深刻的内在联系,体现在它们共有的许多特征上:规则或潜在假设的存在;职业国际象棋棋手能在脑海中进行对弈,就像大多数人至少可以在脑中进行一些计算,或许还能用头脑想象将一个立方体一切二的过程;解决数学问题和国际象棋问题所用的战术和策略;我们常常(但不总是)自信自己的结论是正确的,并且可以证明它们;国际象棋棋手和数学家们对模式和结构的依赖。让我们从这其中最为显著的一点说起,那就是——"理论上",数学和抽象游戏都可以在大脑中进行!

游戏和数学的分析都可以在大脑中进行……

……假如我们的记忆力和视觉想象力有足够的空间。很少有人能够像欧拉那样记忆力惊人。但反过来,即使是刚入学的小学生也会被他们的老师要求"心算"一些简单的加减法,而所有专业的棋手更是不需借助棋盘即可讨论棋局。

当然,你可以在大脑中想象同时进行多项活动的场景:运动心理学家建议冠军选手在头脑的想象中预演下一次跳高、滑雪的场景,以提高表现。不过,心理行为只是想象。欧拉和科坦诺夫斯基(Koltanovsky)可不是想象他们在大脑中发明了数学公式或下围棋的——他们真的可以!

抽象游戏与数学两者所使用的语言之间也存在着联系:国际象棋棋手谈论计算棋局的可能性且有时会被问道:"你能算到未来几步?"有时一位棋手也会承认他因计算错误下错棋,尽管这里并不涉及算术计算,选手们计算的是可能性树,譬如:"如果我下后—e5,那么就逼和了。黑棋可以走马—e8 防守,但是我可以走 h6……"诸如此类。多么深奥!如果计算数字与计算每一步棋之间没有某种神秘联系的话,又为什么要在比赛中算棋呢?

三位盲人数学家

盲人数学家是罕见却真实的存在。不仅如此,他们的成就斐然,成为了顶尖数学家。(理论物理学家或化学家中是否有盲人呢?)他们的思维模式无疑可令心理学家受益良多。让人哭笑不得的是,这些盲人数学家在几何学领域和代数学领域居然同样出色,这可能与他们对触觉的充分利用有关。

桑德森(Nicholas Saunderson,1682—1739)12 岁的时候因天花失明,但这并不妨碍他获得剑桥大学卢卡斯数学教授席位。他编写了一本教材《代数学基础》(*Elements of Algebra*),还极具讽刺意味地主讲光学。他发明了能够制作盲人手指触觉感知的几何形状的插件板工具,并且至今仍作为小学生教具使用。

庞特里亚金（Lev Pontryagin，1908—1988）14岁时意外失明。幸而他的母亲为他朗读书本，记录笔记，甚至为了他学外语。25岁那年，他进入莫斯科大学就读，虽然眼盲却能把所有课程熟记于心。和大数学家欧拉一样，他在19岁便发表了首篇论文，随后逐渐成长为20世纪最伟大数学家之一。［O'Connor & Robertson 2006］

莫林（Bernard Morin，1931—　）自6岁起失明，却成为一位了不起的几何学家。身为盲人，他只能摸不能看，却取得了另一项出乎意料的数学成就——发现了将球体内外翻转的方法，如今这被称为莫林表面。

你能"预见"吗?

出色的国际象棋棋手可以在走一步棋前进行"预见"——分析可能走法的复杂的树——从而决定走哪一步棋。如果用文字来表述,但通常不代表棋手真实的思考过程,很可能是这样的:

> "如果我走后—e4,那么黑棋可以走车—e8 防守,那么我就要走象—c3,如果他接下来走马—f8 防御,那么马—h5 就无人防守。但是如果他走 g6,我还是可以走马—h5,他就死了。
>
> 所以我走后—e4……"

数学家们也有这种"预见"的能力,例如在观察一个几何图形时:"如果我做 AX 平行于 BC,那么三角形 AXR 和 BYC 就是相似三角形。所以 $AX/BY = XR/YC$。这个比例没错,但是我得把 BY、YC 连起来。我要怎么计算 BY/YC 呢?"

国际象棋和欧几里得几何学都是高度可视的,那么代数呢? 有意思的是,代数也同样是高度"可视"的。当你阅读一行代数时,你看不到点、线、角、面积,也不存在曲面、体积,但把这些符号、模式、结构作为一个整体,你可以看出它们之间的关系——这一点我们稍后会进行探讨。

一种新型对象

国际象棋棋子(或围棋棋子,或扑克牌)是非常奇怪的对象。为了阐述它们的特异性,我们在此展示一些样本对象,看看它们是如何存在的以及我们是如何看待它们的:

趣味与理性的微妙关系

游戏遇见数学

客观上	主观上
大英博物馆	我对大英博物馆的认知

大英博物馆是"客观存在"的建筑和机构。而主观上我对大英博物馆的认知则取决于我的个人经历:比如,我有没有去过大英博物馆?(当然,去过很多次。)你的认知会和我的有很大差异。

客观上	主观上
一个木桩	我对木桩的认知

木桩毫无疑问是一个典型的固体,并且是"客观存在"的。世界各地都有木桩,只不过形状各异、大小不一。(我对于木桩的主观认知也与你的认知不同。)你可能用木桩打人,但却不能用人们对"木桩"的认知打人。

客观上	主观上
国际象棋的"王"	"王"所代表的含义

国际象棋"王"的情况正好反过来(假设我们在玩标准的国际象棋好了)。"王"是由国际象棋的规则所决定,存在于人类思维中。"客观上"可能有无数种"王"的表象或实现,实际上,它们只是作为游戏用的一枚棋子而已。由于它们只不过是思维活动的"表象",因此可以是任何形状、任何材料的。国际象棋的"王"之所以被认定为"王",完全是由于习俗惯例的认定,这是它的另一个重要特征。如今,国际大赛和锦标赛使用的棋子为斯汤顿款(以 19 世纪一位英国国际象棋大师的名字命名),但国际象棋棋谱的读者和电脑游戏玩家则习惯于其各种不同款式的国际象棋。

主观上	客观上

数字 17　　　　各种代表数字 17 的数学符号

数字 17 的概念也是被创造出来的思维对象。古人能数到 17，但潜伏在丛林中时，穿越平原时，或在蔬菜市场中都不会"发现"这个数字。

柯尼斯堡桥抽象图也是一种新型对象。它以物质的形式存在于本书的纸上，但更是以抽象的形式存在于我们的脑海中。尽管这种存在形式并不等同于从工作室的窗外看到的景色在我脑海中留下的画面、对于一场梦境的记忆，或者我对苹果、台球桌的印象。

对于脑海中的"画面"，问题在于我很难清晰无误地表述出来——尽管我可以用简单的语言准确向你传达一笔画问题或河内塔问题。因此，可以说，在脑海中表现数字 17 或河内塔问题并不是思维且个人的，而是思维且（潜在地）公共的。

客观世界充满了各种被科学家们研究的"对象"，它们在某一特定时间被创造，随着时间而进化，在某一天被毁灭——我们在脑海中对这些"对象"有着各种概念——我们奇妙的大脑中也存在一些以不同方式创造的概念，这些概念也永远不会以相同的方式消亡。这些奇怪的对象既是个人的，也是潜在地公共的、被广泛分享的。

当然也有例外，就是那些从没有学过或认为太难以至于放弃的人们，也许是因为仅有少数行家才能理解这个数学中的高等话题。正因如此，全球数以百万计的国际象棋玩家对于国际象棋规则有着共同的认知并总是按照这一共识对弈（偶尔的作弊除外）。也正因如此，人们可以很容易地"交流"数学。我曾经为中国作家吴凯朗（音译）教授写的一本关于美学与数学的书作序。尽管我一个中文字也不认识，但当我翻阅此书时，我可以读懂书中的数学知识，因为它们使用阿拉伯数字及全球通用的数学语言中的通用符号。

从这三个例子中，我们可以总结出三类不同的对象：

梦境	思维的，个人的
苹果	物质的，公共的
国际象棋的"王"	思维的，公共的

第一类非常难以描述、沟通；第二类我们可以准确地（但不能100%完美地）表述、沟通；第三类我们能够或多或少的完全、精确描述、沟通，因为它们最初是在思想中被创造出来的。

一个严重的哲学谬误

哲学家们早已区分了两种（且仅有两种）基本的对象，即共性的与个体的。个体，例如一个苹果，一根门柱，不难理解。对于一个苹果和一根门柱的认知也同样，因为每个人都能理解，我对一个苹果的认知与你的认知稍有差异。

共性，例如数字2，则不同。它们的存在看似独立于个人认知之外，但那怎么可能呢？希腊哲学家波菲利（Porphyry）曾经有过这样的疑问："它们是独立的客观存在，还是仅存在于人类的理念中？"

问题在于：如果数字2是"独立的客观存在"，那么它存在于哪儿呢？如果它仅仅是存在于人类的理念中，那为何每个人理解的"2"又都相同？毫无疑问，你、我以及任何一个受过基本的数学教育的人所理解的"2"都是相同的。

哲学家罗素（Bertrand Russell）曾经说过：

> "要想赞同2是'思维的'，则2必须本质上存在。但是那样2也应当是个体的，不能存在于两个人的思维中，也不能两次存在于同一个人的思维中。因此2必须在任何情况下都是一个实体，即使脱离人的思维也应当存在。"
>
> [Russell 1903：451]

毫无疑问，根据罗素的说法，

> "数学是一门我们永远也不知道正在讨论的是什么，且不知道我们说的是否正确的学科。"

或者,数字2是:

"我们永远不能感到它确实是存在的或者是被把握了的形而上学的实体。"

[Russell 1956:542]

　　罗素及其他传统哲学家是错误的,他们不了解国际象棋及其他游戏类对象的特殊性。他们从未严肃对待抽象游戏,将其作为一门学科进行研究,也就没有意识到对象有三种基本类型,而非两种。

[Wells 2010:*Philosophy and Abstract Games*]

它们是抽象的

难怪国际象棋被形容为抽象游戏,而数学则是抽象活动。它们所处理的,都是把所有的具体特征抽象化、剥离后的情况。

国际象棋对于不能将棋盘和棋子在思维中可视化的玩家而言仍然是一种抽象游戏(每个人的视觉想象的能力有很大差异)。从国际象棋的棋盘、棋子可以是任意大小、任意形状和或多或少由任意材质制成这一点就可以看出。对于玩这个游戏,重要的是棋盘的结构和棋子的移动:国际象棋曾经代表的两军对垒无足轻重。同样,东方的围棋游戏也是对战争的形式化,不过是游击战。布尔曼(Scott Boorman)甚至写过一本书《论持久战:毛泽东革命战略的围棋演绎》(*The protractedgame: a wei-ch'i interpretation of Maoist revolutionary strategy*),但是它最初的意义被抽象为19×19棋盘和两罐黑白子之后,不再重要。

它们很难

很多人认为国际象棋和数学都很难。这是因为它们是抽象的,并且其抽象程度随着理解的深入会越来越高。优秀棋手与一般棋手之间能力的差异非常大。即使是职业选手中的佼佼者也深知自己与国际大师之间的差距,而国际大师与国际特级大师又有差距,比那一小群世界一流选手又弱了许多,他们都是大型国际锦标赛或冠军赛的有力竞争者。类似的,也有数学明星的光芒远远盖过了普通的职业数学家们。

然而,国际象棋与数学之间有一个本质区别。尽管国际象棋或围棋的专业棋手对棋局的研究非常深入,并且掌握了许多精妙的战术、战略,远超普通选手。但是,只需出版相应棋谱并加以注解,普通的读者也可以欣赏他们的比赛。好的注解会解释每一盘面下双方的优劣势、双方的战略意图,以及可行和不可行的战术序列。

即使这些注释也不能立刻把普通选手提升为国际大师水平——世界一流水准的选手能"看出"普通大师会错失的每一盘面的特征——但却可以令他们享受到高水平对弈所带来的乐趣。

不幸的是,数学的抽象程度太高、覆盖面太广、术语和概念也太多,以至于职业数学家也不能窥见其全貌、全盘掌握。

当然,也有许多通俗的趣味数学读物在娱乐读者的同时也展示了些许高等数学的特质。当然也可以说这些书是在为数学的问题做注解,但还没有哪个注解能够令普通的数学爱好者真正理解诸如怀尔斯(Andrew Wiles)对费马最后定理的证明。这一证明从 1993 年最初发布到 1994 年最终完成,尽管造成轰动,但只有少数熟悉代数几何和数论的一些特定领域——如谷山—志村猜想、岩泽理论等——的专业数学家才能深刻理解它。

同样不幸的,甚至是灾难性的,小学生、初中生所学的初等数学也没有注释。这本是可以做到的事。向小学生们展示教科书和考试大纲中的每个课题的由来和原因并非不可能。例如,向学生们展示初等数学在科学领域中的应用,以及历史上科学家们是如何在思考日常现象(如漂浮的物体和抛射物体等)时逐渐发展出这些数学理论的。这些原本并非难事,却几乎从未有过。对于大多数学生而言,除了算术以外,学校里学到的数学知识简直不能更抽象和无用了。这使得他们常常发出这样的呐喊:"这有什么意义？它有何用?"却得不到回答［Wells 2008］。难怪学校的数学学科这样"臭名昭著"。

规则

规则是抽象游戏的唯一。只要规定好规则，其他的一切便自然而然地应运而生：只要符合规则，棋盘可以是任意的，棋子的形状也可以是任意的。这只是理论上，实践中棋盘和棋子是由习俗与便利性共同决定的。

只要所有人达成共识，一个游戏的规则是可以改变的。事实上，儿童们玩场地游戏的时候经常改变规则，而很多家庭也有各自版本的"大富翁"或"妙探寻凶"游戏规则，这些规则往往会令受邀参与游戏的客人吃惊。

被选择的规则之间必须互不矛盾，且与游戏的目标相一致。举个例子，游戏必须有"结局"。要想发明永不终止的游戏很简单，事实上，前国际象棋世界冠军（1935—1937），同时也是一名数学教师的尤伟（Max Euwe）曾经证明，在当时的比赛规则下，国际象棋有不出现终局的可能性：如果同一走法序列连续出现三次即判双方和局的规则不足以预防这种可能性。

尽管围棋已有数千年历史，但日本职业围棋选手的管理机构，日本棋院在最近一个世纪内还是对围棋规则进行了多次修改。这些修改主要针对一些特殊的情况，如"三劫"所造成的无尽重复。不仅如此，目前尚没有人能够证明所有可能导致双方僵局的情景已经全部被排除，所以在21世纪，古老的围棋规则仍可能被再次修订。

规则限定下的隐藏结构

一个抽象游戏的复杂性是在游戏规则被制订的那一刻起就决定了的,这也同时创造出一个丰富的迷你世界。但要推断出这个迷你世界的内涵,则不仅需要时间,还需要使用数学的三个重要方面:视觉与思维洞察力、科学的探索以及游戏般的计算。

探索——如同它在自然历史和地理中一般——引领着重要结构和特征被识别、被命名和被分类,于是游戏渐渐发展出自己的"语言"。这些结构使得抽象游戏可玩而数学可处理。

这些"结构"的存在也意味着你在棋盘上所能做的有局限性。任何棋手都可能对下面的场景很熟悉:一位棋手盯着棋盘上的失地,懊恼地宣称"那里一定有一步可走!"然而并没有,局面不可挽回地走到尽头(即使是大师级的棋手偶尔也会遗漏可能的生机)。

游戏规则所带来的局限性和参与者的思维创造性之间,是一种辩证的关系。而正是这种思维创造性,才使得国际象棋和围棋这样最棒的抽象游戏异乎寻常地富有乐趣,吸引数百万爱好者。

论证与证明

证明是一个模棱两可的用词。科学家们谈论各种证明——宇宙起源于大爆炸;光速是一个常数,还是变化的——但事实上他们并没有证明任何东西,因为总有可能下个星期就有新的证据被发现,将他们的理论彻底颠覆。科学家们都知道,真相往往令人意外,而他们随时可能遇到这样的意外。

在抽象游戏和智力游戏中,我们有信心可以充分证明其中的不少结论。对于"数学"的证明亦是如此。我们在后面会举例说明。

一个简单游戏中的证明

克拉克(Shirley Clarke)曾经这样描述两位少年玩一个简单游戏:"他们通过确认自己的策略是必胜的后'攻克'了游戏。所以当有人问他们,'还继续玩吗?'时,他们回答:'没意义了。再玩就无聊了。'"

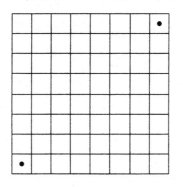

图 3-1 围棋棋盘与两个标记位置

图 3-1 所示的这个游戏非常简单:玩家可以从左下角开始,也可以从最左边或最底部一排的任一格开始。第一位玩家向右移动任意格,第二位玩家向上移动任意格。首先抵达右上角格子的玩家获胜。

参与游戏的少年们在多次游戏尝试后发现,游戏的"关键格"位于自左下角到右上角的对角线上。准确地说,他们意识到,能占领对角线上任意格子的玩家,就可以取得胜利。当然,前提是在后续的游戏中他不犯错。一旦他们意识到这一点,也就意识到这个游戏"毁了",不好玩了。

克拉克总结道:"(这个)游戏的理论似乎真的成立! 开始时,孩子们总是测试自己的理论。但在游戏过程中,他们逐渐意识到背后隐藏着数学道理。于是他们转向了证明!"[Wells & Clarke 1988:4-5]

确定性、谬误与真理

长久以来，数学始终被视为完美的绝对真理。还有什么比 $7 \times 8 = 56$ 或者 $13 + 17 = 30$ 更确凿的事情呢？当然，"嘻嘻，我是用 8 作基数！"这样的脑筋急转弯除外。如果只考虑正常的计数数，答案无比确凿，无论是科学家还是律师都无从反驳。

这种确定性深深根植于数学—抽象游戏的类比中。它不能排除谬误，但谬误通常可以得到纠正。当今广阔的数学领域，就我们所知，或多或少排除了谬误。

即使在欧几里得几何学的基本假设中发现错误——例如，他的《几何原本》中没有"介于"的公理——欧几里得定理也不因此崩塌，事实上"没有改变"，这可以部分归结于古希腊人以极大的热情研究了各种"个例"，极大程度上预防了错误。十八世纪数学家们草率地使用了发散级数的概念（见第九章）——他们的一些计算不可理喻——但最终发散级数的概念还是被充分理解，并逐渐成为数学家工具箱里经常使用的标准工具。

另一方面，当数学家们"置身事外"，提出相关问题或使用不准确、非正式的语言，或当他们发明了一种新的、规则前后矛盾的数学游戏时，则打开了一扇通往困惑和谬误的大门。无穷这一概念出现时就有一个特殊的危险。下面是伽利略首先注意到的一组数字：

1	2	3	4	5	6	7	8	9	10	⋯
1	4	9	16	25	36	49	64	81	100	⋯

乍看之下，计数数"显然"要比平方数多多了，因为大多数计数数，从 $2, 3, 5, 6, 7, 8, \cdots$，都不是平方数。但是，正如配对数列所显示的那样，每一个计数数都有其对应的平方数！

要解决伽利略的这一悖论其实很简单，只要我们同意，如果一个集合包含了无穷多个元素，则我们可以在这个集合中找到一个子集与其本身对应。下面是另一个例子：

n^2	1	4	9	16	25	36	49	64	81	100	⋯
n^3	1	8	27	64	125	216	343	512	729	1000	⋯

显然,立方数的数目和平方数的数目是一样多的。当然,如果我们把数字的范围限定在 1 000 000 以下,或 $10^{1\,000\,000}$ 以下,那么这一结论就不再成立。

　　反过来,对于国际象棋中的论证,或是基于计算得来的可能性分析,但这在短短几步后就不可控;或是基于人脑的判断,但人脑是会犯错的。许多抽象游戏的实际情况,在规则制定的那一刻(假设这些规定并不前后矛盾)就决定了,但却不能用数学的方法加以证明,只能通过实践分析得出。数学家做出判断,但常常期许最终能证实或者证伪,即使这个证明过程中布满陷阱。通常来讲,论证越冗长,也就越有可能是错误的。从数学角度来讲,确定性、谬误和真理是一组非常微妙的概念。

　　幸运的是,证明能够为数学锦上添花,尤其是在数学的一些新兴的、不广为人知的领域。你不仅确认自己很可能早已相信你的定理是正确的,还可能不自觉地通过想象力创造新的概念,在证明为人所熟悉且被视为理所当然许多年后,它仍然会发挥作用。

玩家也会犯错

国际象棋棋手都很容易犯错。他们可能计算失误,也可能对于局面做出错误判断。即使最优秀的棋手也会决策失误。二战后,英国最出色的国际象棋棋手当属亚历山大(C. H. O'D Alexander)。在其与布朗斯坦(David Bronstein)争夺世界冠军头衔的英苏对决之役中,亚历山大在一个并非生僻的开局模式中犯下错误,被布朗斯坦以一卒换走一马,而非一卒换一卒。赛后,布朗斯坦曾刻薄地评论道:"在苏联,即使小学生都知道要用卒换卒。"

毫无疑问,国际象棋棋手们寄希望于通过计算和对局势的判断,在落子之前就能发现这类失误。但这往往只是一厢情愿而已。即使是在大师赛中,很多失误也要到赛后进行比赛回顾分析时——在解说员或计算机的帮助下——或是赛事随注解出版时,才得以发现。

数学家们也会失误,尽管他们希望(和预期)这些错误会及早被纠正。前《数学评论》(*Mathematical Reviews*)杂志编辑博斯(Ralph Boas)曾经说过,论文中大部分新研究成果都是正确的,可是约有一半的证明却是错误的![Hamming 1998:649]

数学家们的"犯错"原因还包括:当尝试创造新的概念或将某些相当模糊、直觉性的概念正规化时,也很容易犯错。这一点我们接下来会提到。

推理、想象力和直觉

就国际象棋而言，多年的对弈经历可以累积大量经验，然而这些经验不能归结为寥寥数语，甚至根本无法用语言来表述。这些经验的累积，令棋手们培养出对弈的直觉，在不能对棋面进行充分计算时发挥作用。直觉越灵敏，下棋的水平也就越高。同样，直觉在数学领域也极为重要。

国际象棋和围棋最大的乐趣之一，是想象力。报纸的国际象棋专栏常常邀请读者"猜猜下一步！"，鲍特维尼克（Botwinnik）和卡斯帕罗夫之类的大师在比赛时，人们也热衷猜测他们的每步棋。数学也是同样有关想象力的东西，正如伏尔泰（Voltaire）曾经写道：

> "即使在数学中，也充满着惊人的想象力……阿基米德脑袋里的想象力，比起荷马只多不少。"[Voltaire 1764：#3]

伟大的希尔伯特并非世界上思考得最快的人，但他有着极其出众的深度和想象力。他与学生福森（Cohn Vossen）写了一本著名的畅销书《几何学与想象力》（*Geometry and the Imagination*）。当戈丹（Paul Gordan）（1837—1912）读到希尔伯特的一篇论文中证明某一特定物体存在却没有指出它在哪儿时，他惊叫："这不是数学，这简直就是神学！"希尔伯特自己也曾经评价以前的一位学生："作为一名数学家，他的想象力不够。但他后来当了诗人，过得还不错。"[Wells 1997：140]

类比的力量

如前所述,游戏的玩家需要一种类比的微妙感觉,将过去的经验应用到当下的对弈之中。数学家、科学家也有一样的能力。伽莫夫(George Gamow)曾经说过,最伟大的科学家甚至看到了"类比之间的类比"。无怪乎日本围棋选手至今仍然使用传统围棋的格言或箴言来指导他们。濑越宪作(Kensaku Segoe)曾经为围棋入门者写过一本《围棋箴言插图版》(*Go Proverbs Illustrated*)。

除非是国际象棋开局,或者数学家们使用标准的方法和技巧的例外情况,过去的经验很少会以完全一样的形式重复出现,因此要想应用过去的经验,就必须对其进行总结、归纳。通常,新的局势与过去某时刻的确有相似之处,因此棋手需要发现其中的相似之处,并从过去的经验中提取可用经验。

幸运的是,这个过程非常有趣:国际象棋棋手和数学家们都会因为发现了这样的类比而兴奋异常。

简单、优雅和美

玩一会儿河内塔游戏，你就能"掌握它的诀窍"。你感觉到其中有一种模式，却不能立即跟上它，直至某一刻你茅塞顿开，然后志得意满。开局的混乱被结构所代替，你得到一种美学的"冲击"，如同你从这个游戏会在 $2^n - 1$ 步内解决的证明中得到的一样。然而，成功地玩河内塔游戏得到的冲击是有限的，只会发生在初学者和孩子们身上，对于认真的游戏玩家则可能太简单了。

我们将目光转向九子棋和六边形棋。就我们目前所知，还没有谁出版过六边形棋世界冠军的伟大棋局之类的书。但是，国际象棋和围棋大师的所有大赛却都会被整理出版，事实上所有国际象棋锦标赛的每一局都会被出版，有些甚至被翻译为多种语言，并带有帮助业余爱好者们理解的注释。国际象棋大师赛对于大多数玩家来说，过于复杂、过于微妙、过于艰涩，很难理解。没有专家的辅助，大多数玩家们会对一场典型的大师级比赛正在发生着什么毫无头绪——但那样的比赛才是国际象棋的美和优雅所在。

这些棋谱中的棋路有的出人意料，有的惊世骇俗，有的倒转乾坤，有的似非而是，有的大气磅礴，还有的精妙绝伦。所有这些特征反映出棋手的心路——围棋棋手亦然——使用艺术的语言来描绘一步棋，一系列棋路甚至他们的想法。

我们这里用专业棋手举例，但实际上，即使是乡镇俱乐部里的臭棋篓子，也从他们自己级别的下棋的过程中感到快乐。同样，业余数学爱好者们即使对层理论一无所知，也能从数学想法、定理和例解中找到乐趣。

一起探索科学与游戏

如果你只想随便玩玩抽象游戏和智力题,又会如何? 随便玩玩与认真对待不一样,但确是一种不受约束的探索和实验,帮助你培养"正在发生什么"的感觉。随着这种感觉的不断加深,也许你会想用更严谨的实验或测试帮助你更科学地探索。这指出了游戏与科学间的另一层联系:人们很容易从中得出错误的结论,然后通过举反例的方法证明这个结论的错误。

在第 11 章和第 14 章我们会进一步讨论科学与数学。

第4章 为何国际象棋不是数学

竞争

尽管抽象游戏与数学之间存在很大相似性,但两者并不等同。从一开始,抽象游戏就是对抗性的、竞争性的,而日常的算术则不然。不过我们也不应过分夸大这一区别。

意大利比萨市的数学家斐波那契(Leonardo Fibonacci,1170—1250)曾经在神圣罗马帝国皇帝腓特烈二世的皇庭遭到巴勒莫(西西里首府)的约翰(John of Palermo)的挑战,比赛解决一系列数学问题。斐波那契解出题目,赢得挑战。塔尔塔利亚(Tartaglia,1500—1557)曾经受到来自费罗(Scipione del Ferro)的学生菲奥尔(Fior)的挑战,比赛互相出30道三次方程求解。塔尔塔利亚在不足两小时内即解开了菲奥尔出的所有题目,菲奥尔却没有。塔尔塔利亚随后还接受了另一场挑战,在米兰与卡尔丹(Cardan)的助手费拉里(Ferrari)辩论三次方程和四次方程。不过四次方程对他而言太难了。在比赛第一天他偷偷离开了米兰,自动认输了。

韦达(Vieta,1540—1603)在亨利四世的王庭遭到荷兰大使的嘲弄,要求其解一个45次方程。他发现这道题不过是经伪装的三角学题,于是成功地捍卫了法国数学家的荣誉。

类似的例子还有很多。约翰 · 伯努利(Johann Bernoulli,1667—

1748)曾经以最速降线问题挑战了全欧洲的数学家,题目是这样的:求一个小球以最短时间从 A 点滚至 B 点所循的曲线。他在莱布尼茨(Leibniz)与牛顿(Newton)就微积分的发明的争论中,站在了莱布尼茨这边,所以他蓄意挑衅牛顿:

> ……绝少有人能够解答出我们的完美问题,即使是那些自我吹嘘的数学家……依靠黄金定理跨越了数学的界线,(自以为)没人知道这些黄金定理,但事实上其他人早就发表过了。"

牛顿在下午 4 点收到了挑战,作为皇家造币厂的厂主,他刚刚完成一天的辛劳。不过到第二天早上 4 点,他就解出了这道题目。他以匿名形式通过中间人向伯努利转交了答案,不过伯努利认出了牛顿,说出了那句名言:"从这利爪中我认出了雄狮。"[O'Connor & Robertson 2006]

在现代学术出版机制出现之前,优先权纠纷是不可避免的矛盾来源之一。根据雷斯蒂沃(Sal Restivo)的说法,中国和印度的数学家之间的竞争程度甚至超过了欧洲早期[Restivo 1992:18-19]。

在克莱因(Felix Klein,1849—1925)学术生涯如日中天的 1881 年,庞加莱(Henri Poincaré,1854—1912)开始发表自守函数的研究成果。两人的通信交往起初还算友好,不过不甘落后于年轻竞争者的克莱因急于赶超庞加莱的研究成果,以至于(可能)在 1882 年搞垮了身体,甚至后来患上了抑郁症:克莱因作为数学研究领军人物的职业生涯也因此终结。

近年,怀尔斯决心将他数学生涯的黄金年华贡献给费马最后定理,他小心翼翼地向同事隐瞒自己的研究,甚至偶尔发表一些不相关的论文混淆视听,阻碍旁人推测"他肯定在做什么事"。他最终"证明"了费马定理,但在他的证明中被找到了一个瑕疵。他必须在证明被视为错误之前的那短时间内弥补这一错误。在学生泰勒(Richard Taylor)的帮助下,他在 1994 年终于获得成功。

直至今日,关于数学家们骑士精神的故事还在增加。伟大的数学家康韦,同时也是"游戏人生"游戏的发明人,他提出了霍夫施塔德序列挑战,即求 $\dfrac{a(n)}{n}-\dfrac{n}{2}<\dfrac{1}{20}$ 的 n 的绝对值。康韦为此悬赏了 10000 美元作为奖励。哎哟！这是个错误！麦洛斯(C. L. Marrows)应答了这个挑战并得体地只拿了 1000 美元奖金,他给出了 n 不过是 1489。[Weisstein 2006][Schroeder 1991: 57 - 59]。

问东问西

"绝大多数重要的数学思想源自对数学性自然现象产生的基本问题的深入探索。"[Williams 1998：xiv]

实践中,国际象棋选手会问诸如此类的问题:"有最佳的开局棋路吗?这一局面下走哪步棋最好呢?什么时候用到两个车呢?"。而他们却不会关心下面这些问题:

- 对弈时间最长会持续多久?
- 对弈有多少种不同可能性?
- 白棋获胜的概率有多大?
- 为什么马的走法是这样的?
- 棋盘变大或变小会怎样呢?

哲学家称这类问题为"宏问题"。"宏问题"的答案对于提高比赛成绩没有帮助。它们脱离了游戏本身的范畴,这是数学家们——而非棋手——整天做的事。

当一个人发出"为什么一些数字的因数比另一些数字来得多?"这样的疑问时,他实际上已经发明了素数和其他一些类型的数的概念,甚至可能花费一生去琢磨这一问题。当我们问东问西的时候,我们是从旁观的角度客观审视它们,甚至脱离了游戏规则本身。

提问固然重要,但我们应该提什么问题? 哪些问题是最有效的? 当然,最简单的就是:"如果……,那么……?"比如"如果我们就欧拉问题,使用另一幅地图,那么会怎样呢?","如果河内塔游戏有 4 根柱子,那么会怎样呢?","如果我们不是对计数数相加,而是对它们的平方数相加,那么会怎样呢?"

也可以围绕"怎样""多少""什么时候""哪些""哪儿"来提问。比如,"怎样经过三个既定点画一个圆?""一个圆可以被 5 条直线切割成多少块?""有多少个素数?""什么时候一个素数等于三个平方数之和?""哪些无穷级数之和是无理数?"

通常,实验可以暂时解答这些问题。不妨试着给柯尼斯堡桥问题换一张图,或者把河内塔游戏换成四根柱子,看看会发生什么。画一个圆然后切割它。从一个个例开始计算,再扩展到多个案例。找到等于三个平方数之和的素数,收集起来,找找规律。数学家把大量时间花在这些活动上——这也是为什么数学有着如此强的科学性、实验性一面。

最后,我们为什么提出这些问题。"为什么"通常——经常是——几乎总是——更深层次也更难以回答的问题。这不仅仅是因为需要证明。证明的概念在最近的若干世纪中经历了巨变。从今天的角度来看,很多十八世纪数学家的证明都是错误的。不仅如此,解题的概念也发生了变化,我们现在可不满足于仅仅一个答案。

数学与游戏式数学

希尔伯特曾希望将所有的数学问题条理化，似乎数学可以完全归结为一个逻辑游戏。虽然他的尝试失败了，但却极大地推动了元数学的发展。元数学是将数学回归到数学本身，检视其理论基础、证明中的逻辑及假设合理性的科学。元数学可以说是对数学问东问西的最好例子。

（尽管图片、表格对数学家们有着重要作用，但在大多数已发表的专业论文中只是零散地作为插图使用，并且由于它们具有一定误导性，所以元数学仍是一门极端语言化的学科。同时，元数学与同样颇具游戏性的计算机编程理论之间也有密切联系。）

有一些国际象棋及其他抽象游戏的学生们专长于问东问西，他们会加入国际棋类游戏研究会或向《棋类游戏研究》（*Board Game Studies*）杂志投稿——不过，他们不必成为国际象棋或围棋棋手。

改变解题的观念

《美国数学月刊》(*American Mathematical Monthly*)创刊于 1894 年,以"专注解决理论数学及应用数学难题"为办刊宗旨。这本杂志上发表的题目和答案与教材练习册颇为相似。

1932 年,该杂志将问题分为初级和高级两类,后者关注(被认为是)"包含全新结果或是对旧结果有延伸的问题"。提示一下,"结果"并不一定是一个问题的结束,它还不一定是在文章最后,尽管实际上答案还是和从前一样提交、发表。

到 1960 年代末,杂志成立了一个"研究问题"新栏目,这个栏目后来被重新命名为"未解之题"。从 1970 年起,盖伊(Richard Guy)担任这一栏目的编辑。在奇数年,这一栏目还更新已发表的未解之题的研究进展。在长达一个多世纪的时间中,问题的思路也发生了变化,从不过是教材练习题,到现在面向发展的公开挑战。[Wells 1993]

创造新概念与新对象

国际象棋棋手在不断加深对游戏理解的同时创造了新的概念,但这些是其分析过程的组成部分,不改变游戏本身也不改变游戏规则。然而,当数学家们把素数单独拿出来,并且为它们命名时,它们是在改变游戏的性质。此时,素数成了改良游戏中的实体,这个游戏突然引入了新的"成分"。

有时候,新概念的提出或多或少是情势所迫,比如为了衡量角度就应运而生了弧度概念。也有一些新概念是我们试图将模糊的直觉条理化时提出的,比如无穷的概念,它在生活中有许多不同的含义。伽利略悖论只是这许多含义中的一个,要不是无穷是这样一个微妙的概念,伽利略悖论也就不会存在了。不过,为了避免数学家们在使用这些新概念时混淆不清,必须约束这些概念的使用,使之脱离日常生活的语境。

数学家在探索数学世界时,往往遇到一些看似平淡无奇的对象,但加以深入研究,就会发现情况恰恰相反。分形就是这样一个例子。最早的分形曾被当作怪异图形出现在数学休闲读物中,就像文艺复兴时期动物园中展出的奇怪动物。如今,分形已经融入主流数学领域,地位深受肯定,人们对它的理解也更为透彻。

很多时候,这些"怪异的"对象实则是某些普遍现象的特殊例子,就好比首先发现肉食植物的探险家最初一定会感到震惊,但随后人们会意识到有一整个族的这种奇怪植物。

递增的抽象性

问东问西还有另一层的作用,学数学的人都知道:这会使得数学变得越来越抽象。河内塔的几何图形使得这个题很容易解开,甚至使题目变得微不足道。但是要理解这个图形并非轻而易举:为什么这个图形能够完美地代表河内塔问题? 对于大多数把河内塔当作简单游戏的玩家,即使想一百万年也不会想到用图形来表达。只有数学家——还得是现代数学家——才会"自然而然地"想到用图形来表现游戏的进度。这个技巧,或者说策略,今天已经广为人知,甚至看上去也不太抽象,但要知道,这可曾经是相当新奇的想法呢!

法国著名数学家迪厄多内(Jean Dieudonné)曾经劝告他的学生培养"抽象直觉力",但这需要时间和努力。冯·诺依曼(John von Neumann)也曾遇到学生抱怨其讲课"听不懂",他的回答是:"你不理解数学,就去习惯它!"这不是我们在学校会听到的建议,但它却包含重要的真理。

是的,直觉力才是关键,并且,根据冯·诺依曼的建议,它是可以培养的。经验与经验的累积才会孕育出直觉。正如同国际象棋选手可以在一次又一次的对弈中或多或少地熟悉棋盘的小世界一样,数学学生也会随着不断地研究、实验、计算、推测、验算逐渐熟悉群论或微分方程的小世界。如果学生不就新概念"问东问西",只是死读课本和做一些课后练习,那么他永远也不可能培养出深邃的直觉,也不可能成为真正的数学家。

寻找共同结构

如果一名棋手发现国际象棋和围棋之间有着一个共同的技巧或策略,这一定会令他大为吃惊(除了一些基本概念,比如"一箭双雕"很有用)。但是数学家则经常在代数学和几何学、在数学分析与拓扑学等等数学分支之间发现相匹配的特征。当然,在把几何图形转为坐标时,这样的类比或多或少是完美的。

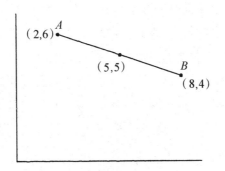

图 4-1 线段的中点

图 4-1 中线段 AB 的中点可以自然而然地类推为对应的两点坐标的平均数 $\left[\frac{1}{2}(2+8),\frac{1}{2}(6+4)\right]=(5,5)$。两点的加权平均数与几何位置间的类比似乎太自然了,我们很容易忘记这也是一种类比。而事实上,通过类比使用坐标来表示几何图形是数学史上最伟大的里程碑之一。

这样的转换一点也不像将小说、诗歌翻译为另一种语言——不准确、有争议且永远不完美——它是准确的、有效的。只要有适当的转换,你就总是可以将一道问题转化为另一个更容易解决的问题,展示了用最佳方法表达一个问题有多重要。

数学也可以被用来代表自然现象,尽管原因还不尽明了。也许正是这样,数学才骄傲地成了硬科学里的王者吧。

数学与科学的互动

数学从现实世界的简单模型开始——计数和测量——但即使最为抽象的数学也能在现实世界中找到原型。这是一个还无人能答的谜,不过我们讨论科学中的数学时还会回来说说它。

古希腊人研究圆锥曲线的时候,他们一定不会想到开普勒(Kepler)、伽利略和牛顿会用它来解释行星的运动和物体的下落——古希腊人的眼中,行星的轨迹不过是简单的圆形!数学家们为了解二次方程和三次方程"发明"了负数的平方根,为此他们还深感困惑——又有谁能够想到,这会被应用于电子工程学及其他很多领域呢?

国际象棋和围棋尽管已经脱离了其模拟真实战争的初始设定,不过数学却从未脱离现实。如果脱离了现实,它们将不会如此丰富多彩,甚至可能早就停滞不前了——这也是数学与抽象游戏间的许多不同点之一吧。

第5章　证明与查证

欧拉"简单粗暴"地解决了柯尼斯堡桥问题,使如今这道题不过是数学史上一段趣闻,只适合入门级的智力题书。更多更有挑战性的拓扑学问题把柯尼斯堡桥问题远远地甩在了后面。

欧拉研究的"马的巡游问题"则胜在"美感",这种美感可能蕴藏着潜在的数学结构。然而要想找到其中的结构却很困难,以至于它并没有像柯尼斯堡桥问题一样,引发一个数学研究领域的欣欣向荣。这些数学结构的发现,往往需要直觉、数学论证和试错法的组合,很多情况下需要计算机的辅助。

这样的智力题在数学休闲读物中非常典型,不过就数学整体而言并不典型。从数学的整体而言,我们期望的不仅仅是通过试错法得到的一个"答案"或者通过粗暴的计算检验结果。事实上我们可以说,一些数学休闲游戏之所以能够长期存在,正是由于其在数学角度上不可被更深入地分析。

数学休闲游戏的局限性

休闲游戏倾向于强调解的人为构造,而展示一个构造的证明很容易——例如用五格拼板填满某一个形状——而更深层次的问题却很难回答。比如用 12 块五格拼板铺满一个 $5m \times n$ 的长方形,可以有多少种拼法,这个公式无人能给出。

即使使用计算机程序进行"暴力计算",也很难就给定矩形给出答案:要总结出"公式"则更遥不可及。这不只是因为五格拼板有着"不规则"的造型。五格拼板在拼入边角时或多或少有些笨拙,有些五格拼板可以像钥匙一样互相嵌合,而有一些不能。它们的模式实在太少了。

我们不能说 12 块五格拼板完全是随机的,毕竟还是有限定条件,就是每块五格拼板必须由五个完全一致的正方形边与边完全重叠组成——不过它们的组合看上去确实挺随意,任何简化、计算都无从下手。

抽象游戏与答案验证

从某种意义上说,许多数学休闲游戏既接近抽象游戏,也接近数学。国际象棋的规则体现了一定程度的任意性,这使得我们通常无法证明我们的结论,只能分析可能性树。所以一些数学对象,以五格拼板为例,太过随机以至于我们甚至不禁怀疑我们是否真的有必要去深入地理解它们,用更简短的证明替代试错法。

九子棋游戏只需借助一台计算机计算出全部的可能性后就彻底"解决"了,而不必深入挖掘游戏的结构,创造简短的证明。毫无疑问程序员在设计时尽可能多地使用了捷径,但他也不能做得更好了。就我们所知,这个游戏并没有任何深层的数学结构。游戏的规则、棋子移动的方式、棋盘的大小(以及棋盘的各种变形形式)存在太多任意性、太没有规律,以至于不能形成深层次的结构。棋盘的形状也存在任意性,如许多棋类游戏的一大特点就使其角落、边缘的方格有了特殊作用(围棋的一个特别重要的特征)。

这正是抽象游戏变得引人入胜的原因之一:通过经验的累积,可以科学地理解抽象游戏的结构,但却无法用数学方法论证。这就为敏锐的洞察力和深层直觉创造了存在空间,即使是最高水平的玩家也不能做到尽善尽美。

确实,一些个例可以用数学的方法进行分析解释。正如我们所见,伯利坎普和沃尔夫(David Wolfe)就围棋的收官阶段撰写了《数学围棋:冷静赢得胜利》(*Mathematical Go: Chilling Gets the Last Point*)。但是,收官阶段之所以能够被分析,是因为随着围棋比赛的进程,棋盘自然而然地被分割为若干独立的、"活"的区域(这一点我们在前面已经阐述过),这些独立的区域可以通过组合游戏理论加以分析。对于"收官"的成功分析并不适用于开局和中间阶段。

这种抽象游戏的性质和特征都是由游戏规则所决定的,但是无法简化其复杂性,使之具有相对简单的模式可供数学家分析。即使你偶尔能够就某一游戏的某些全局性假设进行证明,例如六边形棋先手占优势,但是多数局部性的假设仍然无法论证。

如何"证明"11是素数？

我们可以说明上面的问题我们想表达何意。我们如何证明11是素数？嗯，11是奇数，所以不能被2整除；11 + 1 = 12，是3的倍数；11 - 1 = 10，是5的倍数，11 < 14，而 2 × 7 = 14。所以11是素数。

看上去显而易见，不是吗？是的，不过这样只是通过检查可能性，确认显然的事实。既然这个事实如此明显，这一验证也不是格外短，但却没有更简单的证明使这样的验证变成多余的。

要验证97是素数本质上也是一样。假设我们意识到，其所有可能的素因数都 $\leq \sqrt{97}$，$\sqrt{97}$ 小于10，所以我们只需验证2、3、5和7是其因数的可能性。这个验证过程非常简单，比验证到50以下所有素因数要来得快得多，但不足以作为真正的快速证明。

要想验证一个"大数字"是否为素数，可以运用一些更为强大的计算工具。不过如果数字不够大，这么做则并不高效：因此存在一个平衡点，当数字大于这个平衡点时，这一计算工具才具有使用价值。但最终，实际操作中这个工具也会不堪重负，那时就需要寻找新的、更复杂更强大的工具。

"5 是素数",这是巧合吗?

这样的想法引出了一个问题:"数学中存在巧合吗?"所有算术迷都知道, $6 = 1 \times 2 \times 3 = 1 + 2 + 3$; $153 = 1^3 + 5^3 + 3^3$,所以这是十分稀有的数字,其各位数的立方和恰好等于其本身(十进制中)。这个现象存在什么深层次的含义吗? 还是随机出现的无意义巧合?

哈代(G. H. Hardy)显然认为是后者。他在《一个数学家的自白》(*A Mathematician's Apology*)一书中给出了一些"不太严肃"的数学定理,其中提到了 153、370、371、407 这些数字的立方和特性(1000 以内的数字中,只有这几个符合这一特性)。他认为这些特性适合智力题栏目,但对于把它们纳入严肃的数学则嗤之以鼻,尤其是因为"这些证明……完全没有可归纳性。"[Hardy 1941/1969:105]

换言之,它们是孤立的,互不关联的,甚至无价值的——这表明它们可能不过是巧合,正如同一些巧夺天工的美景,存在却互相没有关联。

证明 vs. 验证

让我们就快速证明和验证大致进行一下区分。这个区别是模糊的，因为验证的过程常常因为一些小技巧的应用而变得更快——比如意识到 N 的任何素因数一定 $\leqslant \sqrt{N}$。尽管如此——这样的验证并没有真正得到快速的证明。事实上很多的证明过程其实是漫长的。

什么情况下你期望快速证明某一定理？什么情况下只需要验证即可满足？一种解释是，如果你正研究的小世界有着强烈的规律性，那么你也许会想要证明，而非验证。欧几里得几何学就是一个完美的例证。欧几里得平面有着简单却有力的数学结构，所以有数千条容易证明的欧几里得定理并非偶然，并且可以用很多种不同方法加以证明。

还有另一个理由可以解释欧几里得定理的简单：就是我们问的问题！欧几里得几何学是关于长度和角度、面积和面、平行线和垂线、共点线和共线点的，所有这些在欧几里得术语中都能简单地定义。

初等算术很简单，但我们一旦就素数或"算术函数"问东问西，这些关于数的理论就迅速变得困难起来。当使用埃拉托色尼筛选法时，只有筛完前一个素数，才能确定下一个。由素数的定义可知其与前面的素数序列密切相关，而这一点在平方数和立方数中则不然（请参看"素数与幸运数"一节）。

假设把欧几里得几何学"嫁接"到素数中，就如果一个四边形的边长和对角线均为素数提问，我们会发现什么？说来古怪，我们不知道，因为数学家们从未问过相关问题。他们开拓坐标几何时，确实思考过欧几里得几何学与数字间的结构性类比，但不会在研究四边形问题时突兀地跳出并加上"这一定是个素数！"这样的认定。

对于哈代的 153 的不严肃的特性，多数数学家对于是否能立即将其归结为某种规律持怀疑态度，他们直觉地认为这不会有结果，因为这样的想法似乎是不相容的：数学研究的动机在于发现深层次的、美的关联，但在这里似乎不存在什么关联。数学家们避开这类问题，因为它们看上去丑陋。不知道为什么，素数与欧几里得几何学之间，就是"不搭"。

结构、模式与表现形式

还有一种方式可以创造出"奇怪的"问题,尽管这些问题实际上被问得很严肃但很有趣。以数字 π 为例。π 可以有很多种表现形式,如可以表示为有非常显著模式的一个级数。这里是欧拉给出的 $\pi^2/6$:

$$\pi^2/6 = 1/1^2 + 1/2^2 + 1/3^2 + 1/4^2 + 1/5^2 + 1/6^2 + \cdots$$

现在我们以十进制计算 π 的值:

$$\pi = 3.\,141\ 592\ 653\ 589\ 793\cdots$$

或 $\qquad \pi = 3 + 1/10 + 4/100 + 1/1000 + 5/10\ 000 + \cdots$

第一个级数有着十分明显的模式,而如果用十进制表示,或以 1/10 的次方形式来表示,则看似毫无模式。为什么会是这样? 没有人能够回答数字 π 与十进制基数间的关联,因此两者的"交叉"是生硬的,而我们预期得到的也是一个"随机"结果——这正是数学家们所怀疑的:π 的数字在十进制下是完全随机的,因为其表现形式是完全随意的。计算机科学家有句名言:"垃圾进来,垃圾出去"。而我们可以说:"模式进来,模式出去"。如果你的输入无模式,那么得到的结果也将是随机的。

上述结论与笛卡儿(Descartes)将坐标系应用到欧几里得几何学时所观察到的结论正相反。他认为,坐标系与欧几里得几何学的基本特征如此契合,以至于欧几里得体系在笛卡儿的解析几何中可以得到准确、简洁的体现——而笛卡儿坐标的特征又能反过来补充欧几里得几何学,就像科学反过来推动数学一样。坐标是欧几里得几何的绝佳表现形式——与此同时,以十进制记法表示 π 似乎是失败的。

任意性与不可控性

让我们暂时回到数学休闲游戏的话题上，想象一系列越来越类似游戏式的消遣活动。在数学的这一端，游戏元素所占比例很小，我们希望能快速证明一切；在类似游戏那一端，一切是随机的，我们通常只能检验我们的结论。在中间地带会发生什么呢？在这个中间地带会有一个界限——无疑是模糊的——将问题区分为能不能（或多或少地）"快速证明"。那么这个界限在哪儿？很难说。即使如今一些被认为是"明显的"数学问题，实际上却是充满任意性，不可控也不可解。

一个可能的例子，就是 π 和 e 这类数的正规性。以十进制角度看，这些数字似乎是完全随机的、或正规的，意思是说在每个数字 0 – 9 出现的概率均为 1/10；每对数字组合，如 45，出现的概率是 1/100；以此类推。金田康正（Yasumasa Kanada）计算了 π 的 1.241 1 万亿位数字，并验证了其中一万亿位数字中 0 – 9 出现的频率。结果表明，作为一个随机序列，数字 0 – 9 出现的频率是正规的。[www. super-computing. org/pi_current. html]

然而，即使正规性是可证明的，无疑将有更多的不能证明的任意性。如果任意性是有限的，那么即使工作量大到通过计算机验证也无法实行，但至少理论上我们可以通过验证加以证明。如果这一任意性并无限制，那么就不会存在"快速证明"的方法，也不可能加以"验证"。在这种情况下，由这些规则所决定的命题将无从建立。

图论是另一个极端任意性的例子。图可以是具有高度模式的，如图 5 – 1 的左图。此时我们可以证明得到许多精确结论。但典型的图形更类似于图 5 – 1 中的右图，高度随机，没有模式。

关于图形的种种结论可以用"手工"方式加以验证，前提是图形足够小——大多数情况下并非如此——或者，这些图形（除非是特别小的）只要符合一些特定限制条件，也可以进行"快速证明"，但停留在不能给出精确答案的总体论证。当然，我们显然不能做到的是快速证明精确结论。由于图形的结点和边可以"随机"选择，那样的结论并不令人意外。

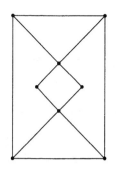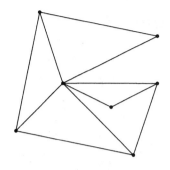

图 5-1　两张图

　　于是,可以给出这样的结论:数学的力量是有局限性的。这正是因为数学的游戏相似性,决定了它常常具有一定的任意度,意味着有限的限制。数学根植于模式和结构之上的交互和美——使得数学可控制,超出了某个不确定的界限,当数学变得过于游戏化,它会变得不可控,不可证。

边界附近

从数学计算、证明到像游戏玩家一样进行验证,我们可以从下面这一简单的数学智力题中看到这一交互。

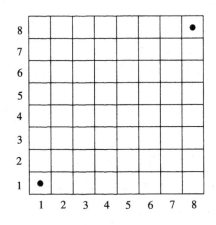

图5-2　带有标记的国际象棋棋盘

这道题说的是:从棋盘的左下角的格子出发前往棋盘右上角格子,每次只能向上、向右移动一步到相邻格子,共有多少种最少步数的走法? 要想解题,我们首先注意到前往(2,2)有两条路可走,但前往(1,2)、(1,3)、(2,1)或(3,1)各只有一条路线。基于这样的观察,下一步的路线应有1、3、3、1 条。

遵循这一规律,我们不仅可以通过几步简单、快速的计算,把抵达每个格子的路线数填入格子,还注意到,结果是侧过来的帕斯卡三角形:

$$
\begin{array}{ccccccccccccc}
& & & & & & 1 & & & & & & \\
& & & & & 1 & & 1 & & & & & \\
& & & & 1 & & 2 & & 1 & & & & \\
& & & 1 & & 3 & & 3 & & 1 & & & \\
& & 1 & & 4 & & 6 & & 4 & & 1 & & \\
& 1 & & 5 & & 10 & & 10 & & 5 & & 1 & \\
1 & & 6 & & 15 & & 20 & & 15 & & 6 & & 1 \\
\end{array}
$$

...

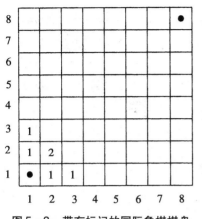

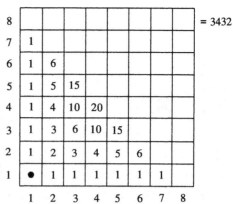

图 5-3　带有标记的国际象棋棋盘　　　　图 5-4　帕斯卡三角形

要想计算帕斯卡三角形每一行的数字,有一个著名的方法:即第 m 行、从左到右第 n 位的数字等于 C_{m-1}^{n-1} 或 $(m-1)!/(n-1)!(m-n)!$。在原棋盘图右上角的格子实际上是帕斯卡三角形第 15 行的中间格子,也就是说:

$$C_{14}^7 = 14 \times 13 \times 12 \times 11 \times 10 \times 9 \times 8/(7 \times 6 \times 5 \times 4 \times 3 \times 2 \times 1) = 3432。$$

既然我们已经灵光乍现,这个计算比一个一个去填格子要快多了(虽然填格子也挺简单的)。不过,假设我们要对这道题搞搞破坏,去掉其中一个格子,比如就去掉(3,4)好了。这道趣题的目标还是不变,计算从(1,1)到(8,8)有多少条不同的路径,注意不能经过(3,4)。

从表面上看,这仍是一道完美的数学智力题——尽管不可触摸的格子的选择太过随机因此不够优雅——结果仍然很容易计算得出。我们只需要从 3432 种路线中去掉经过(3,4)格子的即可,即从(0,0)到(3,4)的路线数量乘以(3,4)到(8,8)的路线数量,而从(3,4)到(8,8)的路线数量又等于从(1,1)到(6,5)的。因此,只需稍加思索,这个改变后的题目的答案是:3432 − 10 × 126 = 2172。

到目前为止,一切都还好。尽管不如初始题目那么简洁优雅,但仍然是一个数学计算。不过接下来,假设我们又去掉了两个格子,如图 5-6。

这一次,要想回答同样的问题,则需要在总的路线数中减去同时经过 1 个、2 个和全部 3 个格子的路线。这就意味着需要计算总数后去掉 7 个

图 5-5

8								
7	1							
6	1	6						
5	1	5	5	15				
4	1	4	■	10				
3	1	3	6	10	15			
2	1	2	3	4	5	6		
1	●	1	1	1	1	1	1	
	1	2	3	4	5	6	7	8

图 5-5 去掉一个格子

图 5-6

8	1	8	26	70	140	140	332	946
7	1	7	18	44	70	■	192	614
6	1	6	11	26	26	72	192	422
5	1	5	5	15	■	46	120	230
4	1	4	■	10	25	46	74	110
3	1	3	6	10	15	21	28	36
2	1	2	3	4	5	6	7	8
1	1	1	1	1	1	1	1	1
	1	2	3	4	5	6	7	8

图 5-6 去掉更多格子的国际象棋棋盘

不同数字。这就不再简单优雅了,并且如果我们继续减少格子,如图 5-7 中去掉了六个格子,那么不仅这一计算就变得非常复杂,而且手工计算从 (1,1) 到 (8,8) 路线数会更快,就如图 5-7 中我们所做的那样。

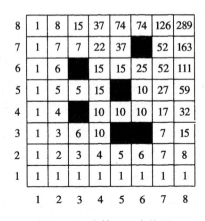

图 5-7 去掉了六个格子

发生了什么?随着这道智力题从初始版本衍化到这个变形版,数学计算变得越来越复杂,反而是验证结果变得越来越容易。数学计算失去了其应有的简洁和优雅,而原始的、游戏般的解题方法变得相对更有效。

从其他的数学休闲游戏中,我们也能观察到同样的现象。这里给出的是一个同样的国际象棋棋盘,不过这一次的问题是:对于由两个正方形拼接组成的"多米诺骨牌",在棋盘上共有多少种放置这种骨牌的摆法?

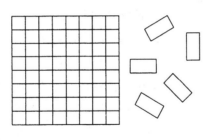

图5-8 国际象棋棋盘与散落的多米诺骨牌

我们可以把这道题看作是杜德尼五格拼板的简化版本,只不过这里使用的并非12块形状各异的五格拼板,而是简单、小巧的骨牌。也许你认为这道题很简单?事实上,不,它相当复杂。这道题是由三位物理学家坦勃利(Temperley)、费舍尔(Fischer)和卡斯特林(Kasteleyn)于1961年首先回答出来的。这三位物理学家当时正在研究一个统计力学问题,由物理学术语"二聚体"(dimers)想到了发音相近的多米诺。他们证明,在 $m \times n$ 格长方形中放置 $mn/2$ 块多米诺骨牌的摆法共有:

$$\prod_{j=1}^{m} \prod_{k=1}^{n} \left(4\cos^2 \frac{\pi j}{m+1} + 4\cos^2 \frac{\pi k}{n+1} \right)^{1/4}$$

这一看似简单的题目推导出了一个复杂的数学公式——用到了 cos 和 π——然而它仅适用于矩形至少一条边为偶数格的情况。假设我们在奇数格乘以奇数格的长方形中放置骨牌,不可避免地会有一个格子为空?

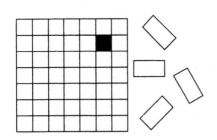

图5-9 奇数格棋盘与剩余空格

棋盘变为奇数格后,情况立即更复杂了——这不仅仅是因为空白格子的位置可能不同——而且对称性的降低意味着优雅的降低。事实上,在奇数格棋盘中随机去掉一个空白格子后放置多米诺骨牌能够有多少种放法这个问题,至今还没有人能够给出公式。而像第一个问题一样随机去掉一些格子——别问！反过来,随着去掉的格子越来越多,那么验证答案就越容易,而证明则越不可行。

看上去,我们给数学题中引入任意性,"证明"的可能性就降低,并且不可避免地更依赖于验证和暴力式的计算。而这"任意性",恰恰是很多数学游戏伊始就存在的,如果没有"任意性"的存在,这些游戏的趣味程度也就打了折扣。我们倾向于认为在这些问题的背后,可能隐藏着极为深刻且微妙的数学结构,使得相对更简短有效的证明成为可能,但也许我们很可能过于乐观了。

第 2 部分
数学:游戏化的、科学的和感性的

引言

数学的这三个方面可以以任意的顺序呈现。然而什么才是最好的顺序?专业的数学论文常因仅仅呈现其游戏化的一面而无视其科学性、感性而广受批评;省略解题思路同样受到批评。只有极少数的数学论文例外,其中的著名例子就是欧拉。庞加莱曾经提出过这样的疑问:

> "如果我们只是将一个理论以其逻辑上无可挑剔的最终形式直接给出,那我们能够说我们真正理解它吗?哪些想法是在尝试后被舍弃的,哪些想法是在尝试后被保留的?如果我们不知道这些,那我们就不是真正明白,也不会记住,最多只是会背诵公式而已。"[Poincaré 1899]

"想法在尝试后被舍弃……想法在尝试后被保留?"是的!尝试想法、进行验证、舍弃无用的想法的过程,是一个游戏、验证、猜测、测试,以及常常否定的过程。"啊哈!当然,这就是一个拉普拉斯变换的类比嘛!让我瞧瞧!(通过计算进行验证后)太可惜了!不是的。又得重新开始了。"

这是一个科学的过程,和教科书上教授的——将题目按类型**分类**、选择推荐的**方法**,填入你问题中的详细**数据**,然后**开始计算**——有着很大的不同。数学家兼逻辑学家、哲学家弗雷格(Gottlob Frege)曾经写道:

> "证明的目的……不仅仅在于为假设提供确凿的事实,而且在于使得我们洞悉事实与事实间的相互关联。[Frege 1884/1953:2e]

数学家们发表的论文中的解释,尽管具有逻辑上的说服力,却缺少其他方面的说服力,这使得这些论文更为艰涩——更难读,也更难理解。正如外尔(Hermann Weyl)曾经所说:

> 当我们被迫通过一系列复杂的总结和计算接受一个数学事实时,我们总是不太愿意。我们**盲目探索**,一环接一环,用感觉探路。我们想要的是**首先对目的和路径有一个整体的认知**,是首先**理解**更深层的内核,理解证明的思想。"
> [Weyl 1932/1995:453]

粗体字是我们加上去的。对感性的强调不能再清楚了。"啊哈!现在我明白了!"是所有数学家的希望和愿景(同时这也是许多中小学生的绝望)。数学的真正精髓,在于摆弄游戏问题;尝试后理解;从另一个角度理解问题。正是玩家所做的游戏,当然这并非巧合。

这三个方面是不可分割的。几乎不存在纯感性数学的例子,而若你坚决主张数学中的知觉是游戏化的,因为数学的想法已经是抽象化的,就完全不存在纯感性数学的例子了。数学也不可能是纯科学性的:在其最终的分析阶段,必然是游戏化的。这是数学与物理学或化学的区别之一。对于数学家而言,验证或许可以从心理上肯定结论的正确性,但他们还是想要一个证明。这不仅仅是因为证明本身的信服力,而且还因为给一个挑战性的问题的解创造证明所做的努力,会产生新的思想火花,照亮遗留的问题和通往光明前景的道路。这就像阳光又照到了另一片无边无际的数学领域,而数学"淘金者"们又将出发探索这片新的领地。

　　我们从游戏化的数学开始,随后转向其科学性的一面,最后将讨论所有艺术和科学——还有数学——共同的基石,即感性。

　　基于上述原因,本书接下来的章节的分布是有点随意的。在某一章用到的例子也很可能适合另一章节,只需稍加改变视角或论述重点即可。

第6章　游戏化的数学

引言

　　游戏化的数学是一个奇妙的世界，精妙的棋招和狡猾的战术、微妙而有深度的策略、美妙的组合与变换、深刻的直觉，还有证明都包含其中。

　　我们首先看一下算盘和奎茨奈颜色棒，还有日常算术中游戏化的技巧和策略的例子。即使是小孩也能通过技巧和捷径很方便地解决算术问题。本章是对他们的游戏化战术和策略，以及不只依赖于常规计算法——更别提计算器——的重要性的介绍。

　　代数的潜在关联是一个迷人的主题——重复性、模式和类比关系，仿佛有着某种更深层次的意义。但我们要如何发现这种意义？与几何图形不同，代数表达式或方程的含义常常是晦涩不明的，但通过一些灵活的移动、优雅的变化或一个简化，则可以魔术般地展现出模式、结构和含义。

　　达朗贝尔（Jean le Rond d'Alembert，1717—1783）曾经说过："代数是慷慨的，付出远多于索取。"［Boyer 1991：439］但是，这种慷慨只是针对熟练玩转代数游戏、有足够直觉力和想象力的人而言。后面我们会看到，看似巧合的例子是如何与刘维尔（Liouville）定理相关的，紧接着的，是波利亚（George Polya）分析和论述的欧拉巨作。波利亚以为这个例子归纳的只是科学，但我们认为它至少也包含了类游戏的聪明才智。

第七章我们转而关注几何学与欧几里得,这是两千年来类游戏数学的范本——这不是说几何学的大部分发现与实验无关,也不是说几何学家从不犯错。他们也犯错,但相对较少。几何学更为显著的特点,在于充满了出其不意,论据的绝对简洁,以及洞察力的深刻。

古德斯坦的类比

古德斯坦(Goodstein)是一个另类数学家,他把数学与抽象游戏间的类比当作一门严肃的学问进行研究。在他的著作《递归数论》(*Recursive Number Theory*)中,他讨论了"算术与国际象棋游戏":

> "国际象棋游戏棋子对应着数字,而每一步棋则对应着算术运算。不仅如此,国际象棋的实体的定义更是对应着数的定义……"

随后,他又以注解的形式补充道:"在这里我们终于可以找到数的本质问题的解了……"[Goodstein 1957]

在他的《数学哲学论文集》(*Essays on the philosophy of mathematics*)一书中,他进一步写道:"(数学)是不断发明新游戏的连续过程,是窥探游戏内在的'比较解剖学'。"甚至在他写"如果数学没有应用,那它事实上'不过是个游戏'"的时候,随即又补充说:"即使是这样,也不是一个毫无意义的游戏,通过清晰的数学结构对数学符号进行运算本身,就是一件有意义的事情。"[Goodstein 1965:216,111-2]

普利姆罗斯(E. J. F. Primrose)在他的《公理化的射影几何》(*Axiomatic Projective Geometry*)一书中,把第10章命名为"棋盘游戏几何学"。他是这样解释这个标题的:"这个游戏的玩法,是把两排字母……放在'棋盘'的竖列中,每列表示几何学的一种属性……"等等。[Goodstein 1953]

古德斯坦还在早年发表的论文《几何学与现代时装》中,将射影几何的公理以轻松愉快的形式呈现出来。他先引用了国际打字社通用的打字员术语,随后还借用了字母板游戏的术语。[Goodstein 1938:217]

技巧和策略

算盘是世界上最古老的计算工具之一。算盘可以是在一个平板上放置小石子,也可以是在细绳或滑槽中串上小珠子。一些幸运的罗马人甚至使用手持式的算盘,这是由一组平行滑槽中嵌入可以自由移动的小珠子所组成的平板。大英博物馆中就收藏着这么一个算盘。

大部分罗马人使用的是在规则的平板或布料上放置松散的石头(*calculi*,也叫积石,计算 calculate 和微积分 calculus 的名字即由此而来)。于是,后来人们把任何使用这种工具的计算称为*算法游戏*,也就不足为奇了。

用算盘或日本式算盘进行加法的过程类似简单的棋盘游戏,因为这个过程是按照规则,通过"棋子"的位置移动来得到想要的结果。我们可以说,这是一种纯经验式的算术。由于算盘专家在使用算盘的时候几乎不用思考,因此专家可以以极快的速度计算。在 1946 年东京举行的一场计算大赛上,使用日本式算盘的松崎粲(Kiyoshi Matsuzaki)在加法、减法、乘法和除法计算问题上均轻松击败了使用手持电子计算器的二等兵伍德(Private Thomas Wood)。[Tani 1964:7]

使用奎茨奈颜色棒进行加法计算的小孩子同样在玩一个规则简单的游戏——无论你使用哪种方法,游戏都有其技巧和策略。8×35 等于多少? 嗯,$8 = 2 \times 2 \times 2$,所以乘以 8 就等于做三次"$\times 2$":$35 \rightarrow 70 \rightarrow 140 \rightarrow 280$,于是正确答案仅凭心算亦可迅速得出。

那么 12×35 又是多少呢? $12 = 8 + 4$,所以从上一题答案我们可以知道,答案是 $280 + 140 = 420$。不过,你也注意到,$12 = 3 \times 2 \times 2$,而 $3 \times 35 = 105$。再通过两次"$\times 2$",我们就得到 $105 \rightarrow 210 \rightarrow 420$。

万不得已,可以用 12 的乘法表:$12 \times 30 = 360$,$12 \times 5 = 60$,加起来等于 420。在这里,通过回忆乘法表的计算方法和其他方法一样快,但前提是你不在脑海中浮现竖式乘法计算的过程,如"写下 0,进位 6"之类。

这些例子是非常基本的技巧和策略。从策略来讲,就是要寻找到被乘数的基本特性,然后通过技巧来实现这一策略。在计算机编程领域这个方法也极其重要,即通过研究手头上的问题,可以对编程进行简化。

学得好的孩子们还会掌握很多其他的技巧策略。于是,任何有眼力的观察者稍加观察即可注意到 $9 \times 11 = 99$ 比 10×10 只小 1,而类似地 $7 \times 9 = 63$ 与 $8 \times 8 = 64$ 之间也是一样。那么 15×17 又是多少呢?

16×16	15×17	14×18	13×19	12×20	11×21
256	255	252	247	240	231
$256 - 0$	$256 - 1$	$256 - 4$	$256 - 9$	$256 - 16$	$256 - 25$

上面表示的是这类乘法的延伸规律。看上去,如果你知道平方数,例如 15 的平方等于 225,就可以通过减去一个更小的平方数得出计算结果。例如 $15^2 = 225$,于是,$14 \times 16 = 224$ 和 $13 \times 17 = 221$,等等。但为什么会这样呢?要发现其中的规律,我们需要借助科学。我们怎样才能证明这一规律是合理的呢?需要借助这些技巧性的步骤:

$$15 \times 17 = (16 - 1) \times 17$$
$$= (16 \times 17) - (1 \times 17)$$
$$= (16 \times 16 + 1 \times 16) - 17$$
$$= 16 \times 16 + (16 - 17) = 16 \times 16 - 1$$

这一规律不只对任何一开始的平方数有效,而是对任意数字加减 1 后都成立,我们可以把这一计算过程以如下(更简洁的)代数形式表现出来:

$$(A - 1) \times (A + 1) = A \times (A + 1) - 1 \times (A + 1)$$
$$= (A \times A + A) - (A + 1)$$
$$= A \times A - 1$$

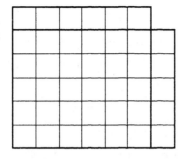

图 6-1 $(A-1)(A+1)$ 示意图

对儿童,甚至很多大人来说,通过这个几何图形进行解释要来得更有说服力。6×6 的正方形与 5×7 的矩形部分重叠。去除重叠部分以后,比较右边的 5 个小方格和上方的 6 个小方格,由此可见 6×6 正方形要比 5×7 矩形多 1 个小方格。

运用技巧和策略可以使很多计算过程变得更快、更有趣。而对于另一些计算而言,遵循四则运算规则恐怕是除计算器以外的最佳解法了。使用四则运算对于数学家们而言是常规做法,坦白说,也是令人失望的、低效率的方法。事实上,如果对计数数只能进行四则运算,那么数学也许根本得不到发展。幸运的是,正如我们可以将国际象棋既视为代表血腥战斗的抽象游戏,也可以视为仅代表游戏自身的抽象游戏一般,我们也可以将平淡无奇的运算规则放到一边,仅考虑计数数本身——如同古希腊的先贤们在 2500 年前所做的一样。而代数学就是我们所要使用的工具。

立方和与其内在关联

我们把奇数的平方和科学地相加,并发现了其中的一个模式。如果我们对立方和也做同样的事,观察其规律后我们得到如下结果:

$$1^3 + 2^3 + 3^3 + 4^3 + 5^3 + 6^3 + \cdots n^3 = \frac{1}{4}n^2(n+1)^2$$

这是一个简洁且令人惊讶的结果,因为右手边的结果,竟然等于 $\frac{1}{2}n(n+1)$ 的平方,而这也是从 1 到 n 的计数数求和的平方,即:

$$1^3 + 2^3 + 3^3 + \cdots n^3 = \frac{1}{4}n^2(n+1)^2 = (1+2+3+\cdots+n)^2$$

这仅仅是巧合吗?还是有着更深层次的原因?是一个特殊而孤立的现象,还是某个一般规律的一部分?我们尚未定义数学中我们觉得的“巧合”是什么,“深层次”是什么。所以,不妨认为假设一个结果与其他很多结果相互关联(如毕达哥拉斯定理),则称其是有深度的。反之,如果是一个孤立的、无关联的结果,则认为其是巧合。这一定义会引出新的问题,即:数学中存在巧合吗,还是一切都必须相互关联的呢?让我们做个实验,观察除数函数的简洁特性。可以把整数 n 的除数数量标记为 $d(n)$,如 24 的除数为:

24　12　8　6　4　3　2　1

共 8 个除数,尽管我们对 24 和 1 是否算作 24 的除数可能有所争议。统计素数时,我们把 1 排除在外了。那么在这里是否应当包括 1?24 本身当然可以是 24 的因数,但并不是有效的因数。那么应当把 24 包括进去吗?

答案是微妙的。这体现出数学家在给出定义时需要考虑的很多细节。如果把 24 和 1 也包括进去,$d(n)$ 的公式就有着非常简单的性质,即:如果 n 和 m 没有除了数字 1 以外的公因数,则:

$$d(nm) = d(n) \times d(m)$$

有着如此简单性质的公式不仅更容易处理,而且附加的简单性强烈地暗示着我们:“嘿,这里还有故事!”因此,很久以前数学家们深思熟虑后选择将数字 1 和其本身包括进它的除数。如数字 15 和数字 28 的除数分别是：

$$15：\quad 15 \quad 5 \quad 3 \quad 1 \qquad\qquad d(15)=4$$
$$28：\quad 28 \quad 14 \quad 7 \quad 4 \quad 2 \quad 1 \qquad d(28)=6$$

$15 \times 28 = 420$。那么 420 的所有约数就可以通过下表来表示，共有 $4 \times 6 = 24$ 个表值：

	28	**14**	**7**	**4**	**2**	**1**
15	420	210	105	60	30	15
5	140	70	35	20	10	5
3	84	42	21	12	6	3
1	28	14	7	4	2	1

所以，$d(15 \times 28) = d(15) \times d(28)$。不过，如果我们把 420 本身和 1 不包括在它的除数中，那么这个公式就不再成立了（同样，如果 15 和 28 之间有 1 以外的公因数，那就不再能够把结果以如此简洁的表格形式呈现出来了）。

现在，我们要讲到刘维尔(Joseph Liouville，1809—1882)曾经证明过的定理。首先我们取任意整数，如 15，把它的所有因数都写下来，在下面写下每个因数的 $d(n)$。

$$\begin{array}{cccc} 15 & 5 & 3 & 1 \\ d(n) \quad 4 & 2 & 2 & 1 \end{array}$$

刘维尔定理可以写作：

$$4^3 + 2^3 + 2^3 + 1^3 = (4+2+2+1)^2$$

这是真的。类似地，对于数字 28，也有：

$$\begin{array}{cccccc} 28 & 14 & 7 & 4 & 2 & 1 \\ d(n) \quad 6 & 4 & 2 & 3 & 2 & 1 \end{array}$$

并且 $6^3 + 4^3 + 2^3 + 3^3 + 2^3 + 1^3 = (6+4+2+3+2+1)^2$

这是一个相当奇怪的定理。与连续的立方数之和有什么关系呢？联系在于素数的幂中，例如 $2^8 = 256$。如果我们把其因数与 $d(n)$ 值写下来，可得：

256	128	64	32	16	8	4	2	1
$d(n)$ 9	8	7	6	5	4	3	2	1

而刘维尔定理说的是：

$$9^3 + 8^3 + \cdots + 1^3 = (9 + 8 + \cdots + 1)^2$$

而这正是我们开始时看到的"巧合"性质。看上去,刘维尔定理是对我们初始立方和结果的推广,而最初的"巧合"似乎确实暗含了某种内在规律。[Dickson 1971：v.1 286]

自然而然地,刘维尔的定理引出了更多的问题。如果找到一些较小的数,我们会发现公式左边小于右边：

$$1^3 + 2^3 + 1^3 + 3^3 < (1 + 2 + 1 + 3)^2$$

但对于较大数,公式左边大于右边：

$$6^3 + 3^3 + 7^3 + 8^3 > (6 + 3 + 7 + 8)^2$$

首先的一个猜想是要想两边相等,需要将小数和大数混合——不过是什么样的"混合"? 更明确的猜想是:如果任何整数的集合有着刘维尔特性,则它们是整数的因数的集合。这个猜想正确吗? 它看似合情合理,而这一刻,如果我被告知这是错误的,会感到十分惊讶。不过除此之外,我仍然一头雾水。

欧拉的巨作

如果学生初学代数的时候，是以一种游戏般的形式，那么这些学生会欣喜于在进行计算步骤时，他们可以有各种选择，而其中的一些选择会比另一些更好。需要"预见"，而这种预见依赖过去的经验。这就需要练习，这里的练习并非指反复打磨同一技巧直至完美，而是指在游戏化的练习中深化对微观世界的理解。[Wells 1991b:8]

课堂教学——如初等算术——常常只教一组很少学生能够理解的运算法则，而不是让孩子们创造性地、发散性地去探索数的规律和关联，或去研究巧妙的解题步骤和奇妙的结果。这在很大程度上扼杀了代数这门学科的创造性。下面这个来自数学大师欧拉的例子向我们展示了他对于代数"游戏"的高超智慧。当然，他的五角数定理不仅展示了数学游戏化的一面，也展示了洞察力和科学归纳的作用：数学的这三个方面很难分割。

欧拉从解释开始，

很久以前，在考虑数的分类时，我就研究过如下表达式：

$$(1-x)(1-x^2)(1-x^3)(1-x^4)(1-x^5)(1-x^6)(1-x^7)(1-x^8)\cdots$$

随后，他记载到，他一直展开到很多项：

$$1-x-x^2+x^5+x^7-x^{12}-x^{15}+x^{22}+x^{26}-x^{35}-x^{40}+\cdots$$

这是一个相当了不起的结果，因为这些指数被统称为广义五角数。我们以第229页的五角数，即$1,5,12,22,35,51,70,\cdots$及其公式$n(3n-1)/2$为例。这里，$n$可以是正数也可以是负数。

对于$n=0, \pm1, \pm2, \pm3, \pm4$，则根据公式可得数列：$0,1,2,5,7,12,15,22,26,35,40,51,57,70,\cdots$

目前，还十分科学。欧拉非常有信心，认为这些指数一定像它们所展现出来的那样：

> "我们中的每一个人，只要他愿意，都可以通过乘法运算说服自己；如果是对于已经发现的前20项适用的规律，到了20项以后就观察不到了，这似乎是不可能的。"

然而，到此为止，他还只是通过科学地归纳得出了自己的结论；还没有找到"证明"——但欧拉没有放弃，他以其惯常的想象力和鉴别力，"通过各种方法将这两个表达式反复演练"。根据他的记载，他首先试图"通过取对数的方式去除其中的因子"。

他把乘积称为 s，结果如下：

$$\log s = \log(1-x) + \log(1-x^2) + \log(1-x^3) + \log(1-x^4) + \cdots$$

接下来，"为了再去除 $\log$，我继续求导"：

$$\frac{1}{s}\frac{ds}{dx} = -\frac{1}{1-x} - \frac{2x}{1-x^2} - \frac{3x^2}{1-x^3} - \frac{4x^3}{1-x^4} - \frac{5x^4}{1-x^5}\cdots$$

或 $$\frac{-x\,ds}{s\,dx} = \frac{x}{1-x} + \frac{2x^2}{1-x^2} + \frac{3x^3}{1-x^3} + \frac{4x^4}{1-x^4} + \frac{5x^5}{1-x^5}\cdots$$

和当时及现在大多数数学家不同，欧拉对每一步都加以解释。再下一步，他将从第二个等式开始计算 $(-x/s)ds/dx$ 这一表达式，也就是带有广义五角数指数的级数（现在他同一个函数有两种不同表达方式了），然后再回到上述表达式，将表达式的每一项，即 $x/(1-x)$，$2x^2/(1-x^2)$，$\cdots$展开为几何级数。紧接着，通过细致观察，他引入了指数的因子。

> "这里，我们可以很清楚地看到，每个 x 的幂出现的次数都与其指数的因子个数相等，而每个因子也都作为 x 同一幂的一个系数出现。"

$$
\begin{array}{llllllllllll}
x/(1-x) & = & x + & x^2 + & x^3 + & x^4 + & x^5 + & x^6 + & x^7 + & x^8 + & x^9 + & x^{10} + \cdots \\
2x^2/(1-x^2) & = & & 2x^2 + & & 2x^4 + & & 2x^6 + & & 2x^8 + & & 2x^{10} + \cdots \\
3x^3/(1-x^3) & = & & & 3x^3 + & & & 3x^6 + & & & 3x^9 + & 3x^{12} + \cdots \\
4x^4/(1-x^4) & = & & & & 4x^4 + & & & & 4x^8 + & & 4x^{12} + \cdots
\end{array}
$$

$$5x^5/(1-x^5) = \qquad 5x^5 + \qquad\qquad 5x^{10} + \cdots$$

$$6x^6/(1-x^6) = \qquad\qquad 6x^6 + \cdots$$

……

举个例子,在这张表格中,x^6 重复出现了 4 次,其系数分别为 1,2,3 和 6,均为 6 的因子。

由此得出,"如果把同幂项归并起来,那么每个 x 幂的系数等于其指数的因子的和。"

我们直接跳到欧拉的论文的结论部分。通过之前的科学观察,他证明了一个关于整数的因子之和的著名公式:

$$r(n) = r(n-1) + r(n-2) - r(n-5) - r(n-7) + r(n-12) + r(n-15) - \cdots$$

……这个级数可以一直延续,直到某一自变数为负。还有一个附带条件,即如果 $r(0)$ 出现在这个级数末尾,那么也作为 n 计入级数。这个条件本身,也是相当重要的。

欧拉通过最初的科学观察,以及随后的一系列非常游戏化的有力变换,发现了广义五角数级数和整数的因子之和问题的惊人联系。

他通过对初始情况的分析受到启发,得到了如他所说的简单又有力的策略,就像任何国际象棋棋手分析一个棋局,寻找到最佳的棋路一样。(可惜,我们不知道欧拉的那些不成功的策略。)

欧拉评论道:"尽管这里我们讨论的是整数的本质,与微积分似乎没有关联,但通过求导和其他手段,我得到了我想要的结论。"数学家有一个优势,即他们可以"切换游戏",或在一定程度上自己制订规则,国际象棋棋手则不行。

欧拉通过智慧的、游戏化的组合在短而有力的几步内创造出了所需要的关联,其价值不亚于卡帕布兰卡(Capablanca)、费舍尔或卡斯帕罗夫的成就。如果没有这个关联,或某个等价的游戏化的数列,欧拉也只能止步于对规律的科学观察。

波利亚认为欧拉关于五角数定理的漂亮记述"完全致力于阐述归纳论证"。这是误导性的:波利亚本身致力于研究归纳法,难免受此局限。

事实恰恰相反,这是一个游戏化智慧的最好例子。[Polya 1954: 96 – 98]
[Wells 1991: Wells 1993]

欧拉在这里将他发现规律的敏锐能力与聪明地玩数学游戏的能力相结合,是一个巧合吗? 不,恰恰相反,这两方面相辅相成。几个世纪来,数论发展到了一个比其他数学分支更为高度游戏化的境界,在此——因为涉及整数——通过科学归纳生成数据和进行形式上的操作都是极为容易的。因此,自然而然地,业余爱好者们会认为这是他们努力的好地方,而这里也锻炼了欧拉、高斯、拉马努金(Ramanujan)这些数学归纳的大师们的才能,他们同时也是最伟大的形式操作者。

第7章 欧几里得与其几何游戏规则

"在十二岁那年,我经历了人生中的第二个奇迹。这是一个性质完全不同的奇迹:在一本讲述欧几里得平面几何的小册子里……书中有许多断言,如三角形的三个顶垂线交于同一点——尽管一点儿也不明显——却可以通过证明方式加以明确论证。如此清晰,如此确凿,以至于给我留下来难以言说的深刻印象。"——爱因斯坦(Einstein)[Schilp 1951:9]

欧几里得及其《几何原本》(*Elements*)在长达两千余年的历史长河中被认为是数学的标杆和巅峰。虽然目前我们所知已经超越了《几何原本》的内容,但这部作品的成就仍然令我们惊讶:它是如此简洁却又如此有力,尽管存在一些不完美之处。

《几何原本》开篇,欧几里得给出的 23 条定义、5 条公设、5 条公理构成了整个几何学的基石。下面罗列其中的部分定义以及全部公设。公理看上去真的"显而易见"、"不证自明",例如两个等式相加仍为等式。公设由三个欧几里得假设永远成立的"动作"和两条设想组成。第一条假设看上去不言自明,但欧几里得仍然认为必须做出申明——然而著名的第五公设则不那么"显而易见",在 19 世纪人们才终于发现如果否认第五公设并代之以合适的其他假设,则可以得到完全相容的非欧几何。

下面给出欧几里得《几何原本》中的部分定义和公设：

定义：

定义 1：点没有部分。

定义 2：线段只有长度没有宽度。

定义 3：线的极端是点。

定义 4：直线是一条由点组成的平直的线。

定义 5：面只有长度与宽度。

定义 6：面的极端是线。

定义 10：当一条直线与另一条直线相交成的邻角彼此相等时，这些角每一个都叫作直角，而且称一条直线垂直于另一条直线。

定义 15：圆是由一条线包围着的平面图形，其内有一点与这条线上任何一个点所连成的线段都相等。

定义 16：这个点（指定义 15 中提到的那个点）叫作圆心。

定义 23：平行线是一族在同一个平面内向两端无限延长但永不相交的直线。

公设：

公设 1：从任意一点到另外任意一点可以画一条直线。

公设 2：一条有限线段可以继续延长。

公设 3：以任意点为圆心及任意长度为半径可以画圆。

公设 4：凡直角都彼此相等。

公设 5：同平面内一条直线和另外两条直线相交，若在某一侧的两个内角和小于两个直角的和，则这两条直线无限延长后在这一侧相交。

〔Heath 1908：153 - 155〕

让我们来看看，欧几里得是怎么证明其定理的。这是第 1 册，命题一：

"在已知线段上做等边三角形"。

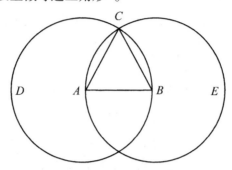

图7-1 构建等边三角形

欧几里得的编排十分合理,从第1册这个简单构建开始,到第13册构建五个完美正多面体结束。古希腊的几何学与理论数学同样十分活跃,它是一门构建几何形状的学科,同时也是推论几何形状性质的学科。希腊人称:先问题、后定理。他们有时认为,欧几里得开篇提出的问题,要比定理来得简易。[Heath 1908:126]很多数学教师也认同这一点。

这道题的解法很简单,以 AB 为半径,点 A、点 B 分别为圆心作两个圆,并交于 C 点。C 点即为等边三角形的第三个顶点。这是一个即使小学生也能熟练掌握的构建等边三角形的常规做法。经过推广后,还可以用于构建正六边形。

即使是在这个最初级的命题里,欧几里得也使用了没有证明的假设:他假设两个圆确实会相交。从图中看,这是显然的,但在更为复杂的题目中依赖图形则可能被误导。另一个假设是,这两个圆仅仅相交于两点。是的,看上去显然如此,但只有看图时才会这么认为!《几何原本》最早的注释者们领悟了这些观点——还有一些其他的观点——甚至以证明最细小的断言,或承认这是一个假设,显示出吹毛求疵且无价值的固执观念,使得早期的西方数学家在研究道路上越走越远,越走越深。

下面是欧几里得第1册的第2个命题。这一命题自然而然地利用了命题1:

"经过已知的点,作与已知线段相等的线段。"

图7-2中,点 A 为已知点,BC 是已知线段。乍一看,我们会认为最简

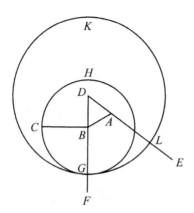

图7-2 过已知点,作一条与给定线段相等的线段

单的解法是把点 *A* 和点 *B* 连起来,然后作平行四边形 *ABCD*,那么 *AD* 边就与 *BC* 边相等且平行。哈!但目前还没有构建平行四边形所需的几何工具呢!欧几里得所能够使用的,就只有命题 1 和他的基本公理、公设。

答案是连接点 *A* 与点 *B*,并作等边三角形 *ABD*,延长 *DA*、*DB*。随后,以 *B* 为圆心,*BC* 为半径作圆,与 *DB* 的延长线交于 *G*。同时,以 *D* 为圆心,*DG* 为半径作圆,并与 *DA* 延长线交于点 *L*。此时,*AL* = *BC*。

在提出命题时,他们会写下 Q. E. F,法语 *Quod erat faciendum* 的缩写,意为:这就是你要做的。而当定理证明完毕时,他们会写下:Q. E. D,法语 *Quod erat demonstrandum* 的缩写,意为:证明完毕。

这个优雅但实际上却较为复杂一些的图形引出了一个问题:如果点 *A* 与 *BC* 的相对位置发生变化会如何? 这个构建过程是完美的吗? 欧几里得的《几何原本》的希腊注释者们也思考了这些问题,他们画出了所能想到的所有可能性。

欧几里得的《几何原本》就像一个建筑一样,一层一层合理搭建,一层一层耸入云霄,他的五个柏拉图多面体为之加冕。不过,《几何原本》有着自身的局限性,阿波罗尼(Apollonius)的《圆锥曲线论》(*Conics*)就超越了欧几里得。而欧几里得在《几何原本》中的公设可用于证明如此之多的定理,恐怕也是欧几里得本人所没有预料到的。下面一个定理由来已久,由赛瓦(Giovanni Ceva,1647—1734)证明:

赛瓦定理

在图 7-3 中,三角形内部由三条共点线所分割成的六个部分之间,是否存在联系?

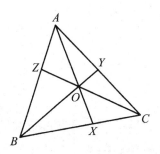

图 7-3　赛瓦定理

答案是肯定的。赛瓦证明,图中:$\dfrac{AZ}{ZB} \cdot \dfrac{BX}{XC} \cdot \dfrac{CY}{YA} = 1$;$\dfrac{AZ}{ZB}$ 的比等于 $\triangle AZC$ 与 $\triangle BZC$ 的面积之比;类似地,也等于 $\triangle AZO$ 与 $\triangle BZO$ 的面积之比。但那样的话,AZ/ZB 也等于 AOC/BOC。

类似地,BX/XC 等于 $\triangle BOC$ 与 $\triangle COA$ 的面积之比。CY/YA 等于 COB/COA。因此 $\dfrac{AZ}{ZB} \cdot \dfrac{BX}{XC} \cdot \dfrac{CY}{YA} = 1$。

有趣的是,尽管赛瓦定理相对更"现代",但与墨涅拉斯(Menelaus,约 70—130)定理有着高度的相似性。墨涅拉斯定理讲的是一条直线与三角形的边相交的问题。

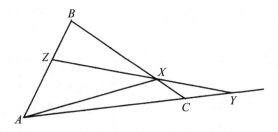

图 7-4　墨涅拉斯定理

此时,$\dfrac{AY}{YC} \cdot \dfrac{CX}{XB} \cdot \dfrac{BZ}{ZA} = 1$。

赛瓦定理是关于共点线的,而墨涅拉斯定理则是关于共线点的。墨涅拉斯定理的证明也同样优雅。我们画一条 YXZ 的平行线 WC:

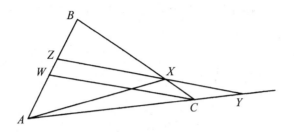

图7-5 墨涅拉斯定理的证明

现在,我们可以将前两项之比替换为 AB 上的线段之比。

根据相似三角形,有 $AY/YC = AZ/ZW$。

同时,$CX/XB = WZ/ZB$。

将这三个比相乘,即有:$\dfrac{AZ}{ZW} \cdot \dfrac{WZ}{ZB} \cdot \dfrac{BZ}{ZA} = 1$。

西蒙线

还有另一个与横截问题相关的定理,是图7-6中关于圆上三点组成的三角形,以及圆周上的点 P:

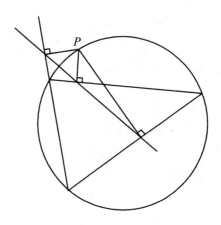

图7-6 西蒙线

我们通过点 P 向三角形的三条边分别做垂线。三个垂足位于同一条直线上。最简单的证明需要用到圆的两个基本特性,即:同一圆弧所对应的角相等;若四边形对角相加为180°,则该四边形的顶点共圆。

西蒙定理的逆定理也同样成立:如果一条直线穿过三角形,那么在与三角形的三条边的交点处分别作垂线,则三条垂线交于点 P,且 P 位于三角形外切圆上。我们稍后会再谈到这一定理。

抛物线及其几何特性

"完美的"圆形是欧几里得所使用过的唯一曲线。这是因为圆形既简单，又对称，且具有许多同样简单优雅的性质。抛物线是仅次于圆形的简单曲线，我们可以从欧氏几何中三角形(以及有时还有圆形)的基本性质，再结合抛物线本身的定义，并从直觉可信但逻辑上并非完美的动态论证着手，推断出一些抛物线的特性。

抛物线是到焦点 F 的距离和到准线 d 的距离始终相等的点的运动轨迹。图 7-7 是一条基本的抛物线。

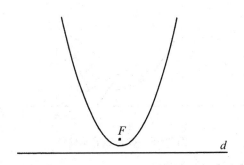

图 7-7 抛物线、焦点和准线

现在，我们来画一条切线。假设点 P 正沿着切线向箭头方向移动，由于点 P 到焦点 F 和准线 d 的距离是相等的，并且在移动的瞬间保持相等。那么，切线将角 FPA 平分。这是阿基米德青睐的一类自然论证，它给出了我们第一个关于角度的基本性质。这表示 $\triangle FPX$ 与 $\triangle APX$ 是全等三角形，而点 X 是 FA 中点，且有 $AO = FO$，经过点 F 做切线 PO 的垂线，其延长线与准线交于点 A。由于抛物线顶点(也就是它的最低点)在焦点 F 到准线 d 的中间，那么，点 X 也就是经过点 F 所作 P 点处切线的垂线的垂足，在顶点的切线上(图 7-9)。

现在，(将 PF 延长至与抛物线相交于点 Q)将经过 F 点的弦补充完整，并作 Q 点处切线。标记点 B，使 $FO = AO = OB$。根据抛物线定义，有 $FQ = QB$，则四边形 $FOBQ$ 为对称的四边形，且 OQ 为其对称轴。因此，

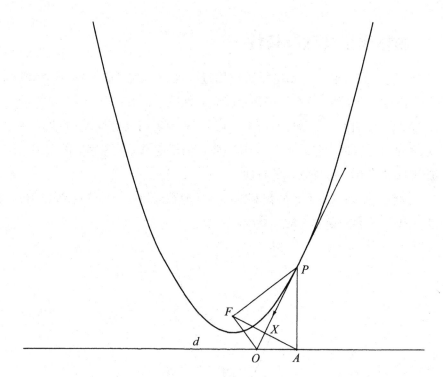

图7-8　抛物线的构建

OQ 为经过点 Q 的抛物线的切线。

　　同样，$AO = OF = OB$，则 $\angle AFB$ 为直角。由于 $\angle APF + \angle BQF = 180°$，$\angle OPF + \angle OQF = 90°$，故 $\angle POQ$ 亦为直角。

　　事实上，由抛物线、两条切线、以及到交点 F 与到准线 d 等长度的线所构成的图形是极为简单的。这表明了由抛物线定义和基本欧氏几何性质决定的一个基础结构——但这还仅仅只是开端，由抛物线的简单定义开始，还有更多有待被挖掘、被证明的性质。图7-10是另一个例子：

　　我们首先引入第三条切线。由此，A、B 和 C 处的三条切线可构成一个三角形。接着，对这个三角形作外接圆。从焦点 F 出发作这些切线的垂线，可以发现它们的垂足在同一条直线上，即顶点的切线上。根据西蒙定理的逆定理可知，点 F 也在该圆上。

　　看似怪异的西蒙定理被用于证明抛物线相关的特性，其实并不奇怪。欧氏几何之间存在紧密的内在联系，可以相互反复引证（我们还可以补充

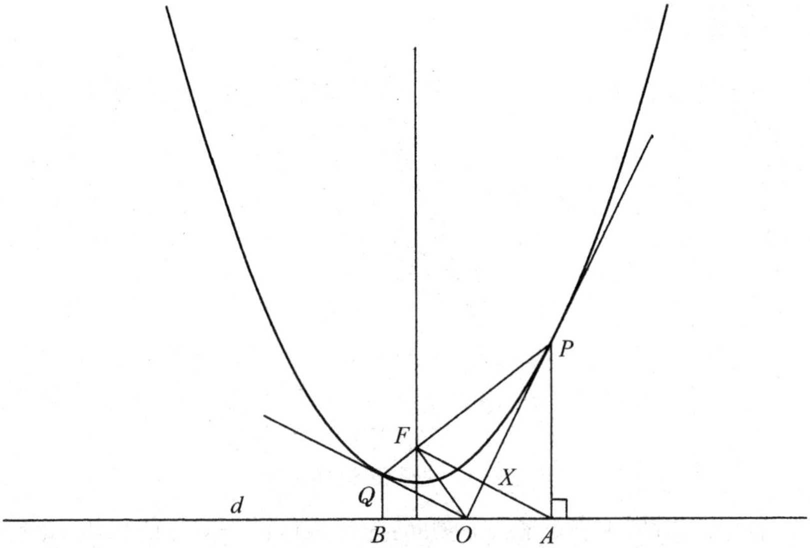

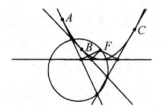

图7-9　抛物线的进一步构建

图7-10　抛物线与其三条切线及外接圆

说,我们最初关于切线将角 FPA 平分的动态论证在某种意义上必然是正确的,从而才能产生如此简洁、丰富的结构)。

让我们以一种全新角度解读抛物线和圆锥曲线。这是在欧几里得后2000多年,即在1822年才被发现的。欧几里得、阿波罗尼及其他许多几何学家都曾在不经意间错过了这一发现。

丹德林球面

古希腊学者最初在研究圆锥体的切割时,创立了圆锥曲线。

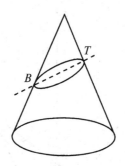

图 7-11　一个圆锥体的切面

　　看到这张图,大家可能会立刻问:为什么这样不对称的斜切,会产生完全对称的椭圆形切面呢?乍一眼,你可能会认为切面靠近 *B* 点的那一头会更宽,因为圆锥形的底部更"大"。再一想,你可能又会觉得上端靠近 *T* 的那一头会更宽,因为那一头以更大的角度切割圆锥体侧面。这两种推测都是错误的:事实上,这个切面是一个完全对称的椭圆形。

　　更深入的问题来了:这个椭圆的两个焦点、圆锥曲线的准线与圆锥斜切面之间又存在什么关系呢?这个问题的答案直到很久以后才出现。丹德林(Germind Pierre Dandelin,1794—1847)出人意料地构建了内接于圆锥体的两个球体,它们各沿一个圆周与圆锥相切且与圆锥的斜切面相切于两个单独的点(斜切椭圆面两侧各一个),从而解答了这个椭圆的焦点和准线问题。从图 7-12 上看,这好像仍然是一个不对称的形状,但不是。事实上,这两个球体与切面的"切点"正是椭圆的两个焦点。准线便是两个球体各自与圆锥相切的圆所在平面与椭圆所在平面相交的两直线。

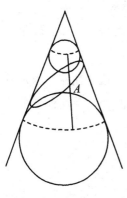

图 7-12　丹德林球面

　　经过点 *A* 的线段,是在两球体所切圆上与两球体都相切的圆锥的母线。由点 *A* 到两个球体之中任一个球体上焦点的线段长度等于该母线段由点 A 到对应的所切圆上切点的那部分长度，由此推得，从 A 到两个焦点的距离之和恒定。

　　欧氏几何游戏的推论果然无穷无尽！

第8章　新概念与新对象

在数学领域,数学探索不断地发现、命名新对象及其特征。这里仅仅罗列出成百上千部数学词典中的部分数学名词和形容词——别忘了,还有很多数学动词呢:

阿贝尔群、过剩数、仿射空间、面积、自同构、轴、二项式系数、瓣、康托尔集、基数词、柯西数列、特征、孙子剩余定理、闭区间、组合、复积分、连分数、交比、三角形的、德萨格定理、判别式、二元性、离心率、方程式、等价、欧几里得的、渐屈线、极值曲线、因数、阶乘、法尼亚诺问题、场、有限、自由群、函数、伽罗瓦理论、高斯整数、黄金分割、贪婪算法、群、哈密顿算子、调和、高、七边形、超立方体、恒等、虚数、关联矩阵、指数、无穷小、无穷级数、整数、积分、不变量、反演、等角的、等距、同构、迭代、雅可比行列式、若当曲线、茹利亚集、克莱因瓶、结、寇夏克砖、拉丁方、格、线性函数、轨迹、对数、幻方、曼德布罗特集、矩阵、极大、平均值定理、中位数、度量空间、默比乌斯带、模型、模算术、肾脏线、结点、正态、轨道、纵坐标、原点、正交、存储、抛物线、平行、帕斯卡三角形、皮亚诺曲线、束、完全数、置换、鸽巢原理、极、多边形、幂、素数、概率、射影、四边形、二次的、四分位数、根轴、半径、有理的、反射、环、旋转、直纹曲面、鞍、样本、标量、集合、相似性、辛普森线、球、平方、斯特林公式、减法、对称、切线、泰勒级数、镶嵌、拓扑空间、圆环面、迹、可递的、树、三角形、波状体、一致、并、值、变量、矢量、顶点、维维亚尼定理、体积、加权平均、字、x 轴、零、ζ 函数、佐恩引理。

这些术语中的一些可以说是非常小的对象，另一部分则是宽泛的特征。和在日常口语中一样，数学术语中的许多名词与形容词、动词存在相互关联。

我们先看一下对象的命名问题。我们都知道有很多数，但是我们应当怎样称呼它们？接下来是一种对偶问题，这是一类你可以轻易谈论，然而却并不存在的对象！无论是在数学中还是在真实生活中，嘴上说说总是容易的。仅仅因为我们可以谈论奇完满数，这不代表其真实存在。然而，正由于数学家们所做的是数学而非科学，因此，他们可对这些"对象"做出坚实的结论，即使它们最终被证明不可能存在，因为它将会导致矛盾。

为了契合某一特定目的，数学家们会构建出不同的对象，有点像 D. I. Y. 爱好者自己制作工具的感觉——只不过，这是在数学中，方法受情景所控，只要我们能解决问题就好。我们也意识到，从长远看，这些概念对象"必然存在"，因为所有证据都不可避免地指向结论：而当我们发现这些结论时，我们就找到了数学的简洁之美和无穷力量。

当我们思考一些"非正式"的概念，比如无穷或者切线时，会引出一个不同的问题，并且提问这些概念是如何变得"游戏化"的呢？谈论抛物线"趋向无穷"是很容易的，它精确地指的是什么呢？画条曲线——比如抛物线——然后用尺子画一条（大致）与其相切的直线，这是容易的。但是要怎么样把这个概念"准确化"？当涉及抛物线这个概念时，即使是日常生活中形状的概念也显得异常模糊。

创造"新对象"

　　曾几何时,我们如今看似理所应当的数也曾是"新事物"。古希腊人并没有很好的给数命名的方法——他们使用的是古希腊语字母,并且这些字母很快就被"用尽"了。罗马人使用的是我们如今所熟知的罗马字母 I、V、X、L、C、D、M 等等,它们被选择来代表从 1 到 1000 的数。不出所料,这些数的计算变得非常复杂,这也是为什么他们在实际运算中必须借助算盘的原因。

　　以十进制为显著特点的印度—阿拉伯计数法显然要更胜一筹,因为这使得我们可按照一个简单方案很容易读出较大的数。以数 1 034 667 为例,这个数表示:

$$1 \cdot 10^6 + 0 \cdot 10^5 + 3 \cdot 10^4 + 4 \cdot 10^3 + 6 \cdot 10^2 + 6 \cdot 10 + 7$$

　　今天,数学家们计算级数也离不开它。在以下这个级数中,变量 x 以从零开始递增的幂次形式存在:

$$e^x = 1 + x + x^2/2! + x^3/3! + x^4/4! + x^5/5! + x^6/6! + \cdots$$

　　然而,如果用以表达极大的数字,即使阿拉伯计数法也显得力有不逮。于是我们又引入了幂的概念和幂的幂的概念,如:

$$1\,000\,000\,000\,000\,000\,000\,000\,000\,000\,000 = 10^{30}$$

以及:

10 000 000 000 000 000 000 000 000 000 000 000 000 000 000 000
000 000 000 000 000 000 000 000 000 000 000 000 000 000 000 000
000 000 000 000 000 000 000 000 000 000 000 000 000 000 000 000
000 000 000 000 000 000 000 000 000 000 000 000 000 000 000 000
000 000 000 000 000 000 000 000 000 000 000 000 000 000 000 000
000 000 000 000 000 000 000 000 000 000 000

可被写作 10^{256}。这可不仅仅只是缩写,而是免除了数 0 的麻烦,尽可能地避免了由此产生的差错。目前看来,如果宇宙学家没有搞错的话,这个数比已知的宇宙中粒子数量总和还要大。当然,这个数比起"无穷大"这个我们无法想象的"大数"而言,还是小得微不足道:无穷是一条漫漫长路!

然而,新概念的发明,意味着我们可以轻易超越幂和幂的幂的习惯用法。假设我们把 2^* 定义为 2^2,或 $2\tilde{\ }2$;把 3^* 定义为 3^{3^3},以此类推。按照习惯,数学家们会把这个"幂的塔"由上往下读,那么 $3^* = 3^{\wedge}(3^{\wedge}3) = 3^{27}$,以此类推。

由此,$2^* = 4$,是个很小的数。而 $3^* = 3^{27} = 7\ 625\ 597\ 484\ 987$ 则大得多。那么 4^* 有多大? $4^{\wedge}4 = 256$,所以 $4^{\wedge}(4^{\wedge}4) = 4^{256}$,约等于 $1.340\ 779\ 6 \times 10^{154}$,是一个 155 位数的数。所以 4^* 约等于 $4^{\wedge}(1.340\ 779\ 6 \times 10^{154})$,约有 $8.072\ 297 \times 10^{153}$ 那么多位数字。

5^* 则要更大得多,而 100^* 则几乎大得难以想象。不过,我们却可以轻易地把它写下来——我们确实也这样做了——甚至我们还可以很简洁地写下无法想象地大的数字 $(100^*)^*$。

它是存在的吗？

你能不能画出四个点，使其相互距离相等？比如相互距离皆为10厘米？小心哦！你可能会像欧几里得在《几何原本》第一册中那样开始作图，画等边三角形，不过当你开始找这第四个点的时候，你会发现它不存在——至少在二维空间里不存在。不过，可以把这第四个点放入三维空间，成为这个正四面体的形状。

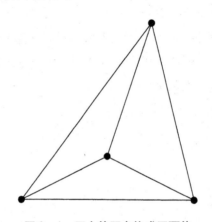

图8-1　四个等距点构成四面体

换而言之，"二维世界"和"四个等距点"是相互矛盾的，而"三维世界"则与"四个等距点"并不矛盾。

另一些对象，则"矛盾"得不那么明显。比如，奇完满数。如果一个数恰好等于除了自身以外的所有因数的和，那么这个数就被称为完满数。最小的一个完满数是6，因为$6=1+2+3$；第二个完满数是28，因为$28=14+7+4+2+1$。欧几里得在《几何原本》第四册里证明，如果2^n-1是素数，那么$2^{n-1}(2^n-1)$是完满数。由于$2^5-1=31$，那么$16\times31=496$就是第三个完满数。然而，欧几里得的公式给出的都是偶完满数，对于奇完满数则只字未提。奇完满数真的存在吗？没有人知道，但已经证明，如果奇完满数真的存在，那也一定大于10^{200}，至少会有8个素因数，且至少有一个素因数大于10^{18}。如果奇完满数不可能存在呢？那么这个判断依然说得很对——然而并没有什么用——只是满足了好奇心而已。

不得不这么做

数学家们有时候也会意识到,一些对象是存在的,但却无法准确定义它们或给出最为"自然"的定义。举个例子,通过把一个圆分割为很多部分,可以轻易地测量角。通常而言,我们把圆视为 360 分,或360°。这一做法可以追溯到古巴比伦,并且有高度任意性。这个做法有很大缺陷,因为表示 sin x 的标准级数:

$$\sin x = x - x^3/3! + x^5/5! - x^7/7! + x^9/9! - \cdots$$

而如果我们使用这样任意的度量,那么所有常见的三角级数都要用 360 度的分数形式来表达了。如果把圆分为 100 等份,也同样是任意的。那么,怎样度量角度才最为自然呢?

奇怪的是,答案居然不是把圆分割为整数等分,而是分为 2π 份。根据常识,圆的周长等于半径的 2π 倍。所以这样一来 180° 就变成了 π,而 90° 变成了 $\pi/2$,以此类推。

一些数学家们还相当严肃地认为分为 2π 份不够合理,应当分为 τ 份。τ 是希腊字母,$\tau = 2\pi$,约为 6.28。这个争议不能靠纯逻辑来解决,而是应当由许多数学家们共同来决策。当然,时间会决定这一切。

这种新的度量角度的方法称为弧度制。只有当我们采用弧度制而非其他时,那么通常表示 sin x 的级数就变得相当简单了。有趣的是,虽然弧度这个术语直到 1873 年才出现,但这个概念最早可以追溯到科茨(Roger Coates,1682—1716)。甚至,欧拉在他的《代数基础》(*Elements of Algebra*)中也提到过,角度应该通过单位圆上的弧长来度量——所以,虽然我们可以说,弧度制是被发明出来的,但其实它也是被发现的,因为这个能最简单地度量角度的方式是独一无二的,所以我们不得不采纳它。这种古老的角度度量想法简单而天然。而随着我们在数学领域更深入探索,才意识到它是"真正的"度量方法。

可以说,我们日常生活中的"无穷"概念也是如此:虽然非常引人入胜(尤其对于诗人而言),但对于需要把这个模糊概念准确化的数学家们而言,则是粗陋的、容易混淆的。

无穷与无穷级数

什么是无穷？这是一个典型的数学概念，因为计数数可以一直数下去，我们可以想象几何空间无限延伸（尽管在物理上可能做不到）。在长达超过300年的历史中，数学家们一直在研究无穷级数。他们都自认为已经懂得了"无穷"，但实际却没有那么简单。

对于"无穷"的比喻既不"游戏化"，也不"数学"。要想真正搞定无穷的概念，我们必须把其天堂般的诗意剥离出去，变得脚踏实地。其中的一种方法，是通过有限项来解读它。例如，下面这个级数，其和"显然"等于1：

$$1/2 + 1/4 + 1/8 + 1/16 + 1/32 + 1/64 + 1/128 + \cdots$$

说它"显然"等于1，是有很多原因的。下面给出其中两个解释，一个是通过图形来解释，另一个则是通过算术来解释。

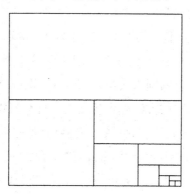

图 8-2　图解 2^{-n} 求和

我们首先切掉这个正方形上面的1/2，然后是左下方的1/4，以此类推。无论我们切多少次，级数中剩余的部分正好等于没切掉的那部分。因此，这个数列相加，正好等于整个方块。通过算术的方法，我们对其中的部分进行求和，也能得到同样的结论：前1，2，3，4，…项的和依次为：

$$1/2 \quad 3/4 \quad 7/8 \quad 15/16 \quad 31/32 \quad 63/64 \quad 127/128 \quad \cdots$$

其中的规律是显而易见的，尽管相比图解法而言并没有那么直观。准确地说，级数前 n 项的和，正好等于 $(2^n - 1)/2^n$。随着 n 的增大，这个数字也不断逼近 1。然而，这个事实本身还不能完全解释无穷和：毕竟，不管怎么说，它永远也不会真正达到 1，而且总是比 1 小。这样的话，它们相加又怎么会正好等于 1 呢？

讽刺的是，答案在于改变和的定义，才能适合无穷和的概念。对于级数的和，我们认为它是级数一项项相加后无法真正达到的数值。这么说本身显然不够准确，因为各项相加的和显然也不能达到 100，因此我们必须加上（不怎么精确的）条件，即这个和"无限接近"1。接下来，我们必须要对"无限接近"这个概念进行准确定义。比如这样，你提出一个极小的数，比如 1/1 000 000。作为回应，我必须证明只要对级数中足够多的项相加，那么其与 1 的差值将小于 1/1 000 000。如果无论你提出多么小的数我都能做到（事实上我可以的），那么 1 就是这个无穷级数的和。

这个定义的可贵之处，在于它把我们就"无穷和为 1"可以想到的所有问题都考虑了进去，实际却没有用到无穷这个字眼！你向我提出挑战，给出一个有限的数（尽管这个数可能很小）。我的答案表明，一组有限项的和，即可满足你指定的数值。"无穷"这个概念消失了，这也是为什么我们可以自信地说，我们的定义是站得住的，是游戏化的，而不是模糊不清、天马行空、易于混淆的。

当然，仅靠这个小把戏解决不了无穷的所有问题。这里有个关于无穷的几何智力题：在三种圆锥曲线中，椭圆是有限的，而抛物线和双曲线都可无限延伸，直至无穷。抛物线的样子，就像一个被无限拉伸的椭圆形，而双曲线则逐渐逼近其两条渐近线，直至消失在无穷远处。

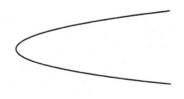

图 8-3 抛物线

我们要如何才能把这些非常模糊、非常直觉性的概念正规化？图 8-5 表示一个"闭合的"抛物线曲线与一条直线相切。这是什么意思呢？应该怎么理解？

图8-4　双曲线及其渐近线

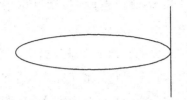

图8-5　抛物线与无穷远直线相切

在射影几何中,欧几里得平面中增加了无穷远直线和无穷远点的概念。如此一来,抛物线与无穷远直线在某一实点上相切,而这个点同时也位于抛物线的轴上。而双曲线与其渐近线共同与无穷远直线在两个不同的实点上相交。(同时,所有的圆都与无穷远直线在两个相同的虚点上相交,但那是题外话了。)

微积分与切线概念

另一个易于理解但难于准确表述的概念就是切线。即使很小的儿童也会用尺子在圆上画出一条所谓切线,但要使它精确地在某一点相切则并非易事。如果通过对称的概念,你意识到圆的切线应当与半径垂直,那么画起来就会容易些。不过你又会遇到新问题,就是比如抛物线的切线,怎样才能把切线画得更准确。

图8-6　抛物线与其切线

这是一条以水平标尺与垂直标尺之比为2:1所画的抛物线 $y = x^2$。经过点$(1,1)$的抛物线切线的斜率是多少? 我们通过大致图形可知其约等于2,但这个图不能作为证据。图8-7中这一组平行且斜率为2的弦似乎也在暗示:它们与点$(1,1)$处的切线平行。

图8-7　抛物线、切线与一组平行弦

让我们再计算下面这组经过点$(3,9)$、横坐标间隔相等的弦的斜率,看看是否能够得到另一个启发:

这组从 AG 到 GG 的弦的斜率分别是:

AG	*BG*	*CG*	*DG*	*EG*	*FG*	*GG*
0	1	2	3	4	5	?

　　这给人很强的暗示,似乎切线把(3,9)这个点与其本身"连接起来",其斜率应等于6。但是,我们要如何"证明"这一点呢?这一次,我们同样需要一个能够符合这种情况的定义。

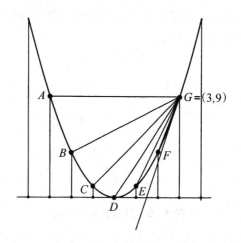

图8-8　抛物线与共点弦

　　从(3,9)到(t,t^2)的弦的斜率为:

$$(t^2-9)/(t-3)=t+3$$

　　通过简单计算可知,当$t=3$时,斜率确实为6。换言之,我们可以想象,随着(t,t^2)逐渐逼近(3,9),其对应的弦也在逐渐旋转。转到极限时,可以说这个弦就不再存在了,因为只经过一个点不可能画出一条弦。但这个斜率的极限值是6。现在我们可以进行最后一步,也就是人为地定义经过点(3,9)且斜率为6的线即为该点的切线。

　　请注意这一过程的所有步骤:我们先讲述了孩子们进行实际物理实验,不可避免地遇到实验误差;随后引出了切线是与曲线"相切"的直线这一概念,而没有给出准确定义;紧接着,我们以抛物线为例,进行了一组弦的斜率计算,这时候我们仍然没有给出"切线"到底"应该是什么"的明确概念;最后,我们才得到一个简单的"有意义"的解答,也回答了我们所有的疑虑——然后我们转头用我们得到的答案定义了切线。

这里并不是一个循环论证,因为我们并没有形成一个循环。恰恰相反,我们像侦探般从"切线应该是什么"的强线索开始,然后通过实验发现更多的线索,最后才掌握足够多的线索,指引我们充满信心地得到答案。

事实上,这并不是对于切线的唯一可能定义。我们可以回到那组平行弦,它们实际上确与切线平行。这组弦都会在两个不同的点与抛物线相交。如果我们回忆一下那个代数方程(含二次方),会发现这个方程可以是二重根也可以是单根。那么,或许我们得寄希望于经过 $(3, 9)$ 的切线将与抛物线有两个交点。经过点 $(3-t, (3-t)^2)$ 与 $(3+t, (3+t)^2)$ 的直线方程为:

$$y = 6x + t^2 - 9$$

那么,这条直线与抛物线 $y = x^2$ 相交时,即有: $x^2 - 6x + (9 - t^2) = 0$。如我们所预料的一致,当 $t = 0$ 时,这个方程确实有二重根。我们再一次找到方向,因为所有这些弦的斜率均等于 6,因此它们是平行的。并且,根据第二个新定义,它们也与 $(3, 9)$ 的切线相平行。这个新定义完全通过代数的方法就定义了切线,而且丝毫没有用到"极限"这样的字眼:当我们找到与抛物线相交时有二重根的、经过 $(3, 9)$ 的直线方程时,也就定义了这一切线。

这不能解释为何经过一点不能有一条以上的切线——而事实上在某些情况下确实可以有。我们也需要证明这两种切线的定义所给出的答案始终是一致的,同时也需要弄懂这两者不一致时的例外情况代表了什么。

数学课本中,对于切线的定义要比我们的更为精确:一个一般性的定义必须能应用于一般性的曲线,或至少是一大类曲线,最好能包括我们感兴趣的所有曲线。有没有什么"曲线"不适用这些定义的呢? 有,是一些怪异得压根都不像"曲线"的曲线,因为它们没有切线。自然而然地,数学家也需要研究这些曲线——正是这样才推动数学发展,不管是前进还是变得更高级。

我们可以完全地驯服无穷这个不正规又有强大心理力量的概念吗? 也许不能,因为无穷的概念在数学那么多的不同领域常常有着不同的含义。

抛物线的形状是什么？

作为结尾，让我们同样通过抛物线，来讨论另一个熟悉但不如想象中清晰的术语。

"形状"的概念看似并无疏漏。所有的圆形显然都有着同样的形状；所有的正方形也是同样的形状；不过所有的三角形并不都是同样的形状；抛物线和椭圆也有着从近似圆形到又窄又长的各种"胖瘦不一"的形状。

图8-9 两个"不同形状"的抛物线

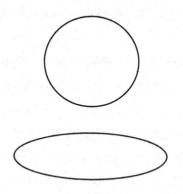

图8-10 两个"不同形状"的椭圆

通过实验，或者通过在方格纸上图形的逻辑推理，你可能会发现：如果把图形沿着相似中心 O "放大"，那么得到的新形状则是一样的。图8-11中的这个五边形以 2 的倍数被"放大"，这表示新五边形中的 A', B', C' 等点与 O 点距离是原五边形中对应点到 O 点距离的两倍。

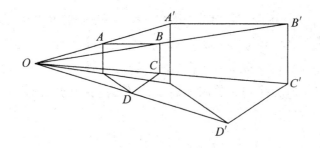

图 8-11 两个五边形透视图

然而,认为抛物线"胖瘦不一"则完全是误导性的,这表明即使"形状"这样看似简单的概念也得小心对待。下面我们将要证明,与第一印象相反,所有的抛物线都有着一样的形状。

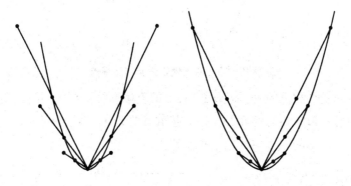

图 8-12 两条抛物线及其"匹配"弦

在图 8-12 中,一条抛物线从顶点被"放大"一倍。放大后,新的抛物线上产生 6 个新的点,再加上原有的顶点。根据我们先前的论断,产生的图形应为相同形状。事实上,新产生的这 7 个点确实位于另一条抛物线上,不过看上去却比原抛物线"更宽"。那么这究竟是不是同样形状的呢?

为了找到答案,我们需要回到抛物线的方程:$y = ax^2$。以同一倍数 c 改变 y 和 x,则抛物线形状不变,于是我们得到了方程:

$$cy = a(cx)^2, \text{ 或 } y = acx^2$$

由于 c 可以是任意一个数,因此看上去任意两条抛物线 $y = ax^2$ 和 $y = acx^2$ 都有同样形状。还不信? 那我们来把一条窄的抛物线和一条宽的抛物线中对应的部分画出来并排在一起。现在它们确实看上去形状一样了,但是大小却不同,这似乎是在提示我们发生了什么。通过"放大"或者"缩小",任何一整条抛物线都能映射到任何其他一整条抛物线上。所以,完整的抛物线都有着同样的形状,但抛物线的不同部分,则并非如此。

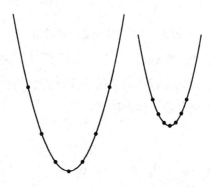

图8-13　两条抛物线及其匹配点

与抛物线相反的是,尽管两个矩形的整体形状不相同,我们却很容易在其中找到形状相同的部分。正方形和长方形的形状显然不同,但它们被线段所切割的下半部分则是相似的:

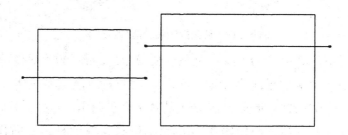

图8-14　两个长方形

如果连形状都不是一个简单的概念,那么其他我们习以为常的概念中又蕴藏着什么样的数学陷阱呢?

第9章　收敛级数与发散级数

先驱者

阿基米德(Archimedes,公元前287—公元前212)是数学史上第一位(已知的)天才。他的数学成就斐然,其中一项计算曲线围成区域面积和曲面立体的体积,预见了现代微积分学。在他的著作《论抛物线求积法》(*On the Quadrature of the Parabola*)中,他第一个对无穷级数求和。

为了求得抛物线被直线 AB 切割部分的面积,他作了一条与 AB 平行的抛物线切线 CC',由此产生了三角形 ABC。

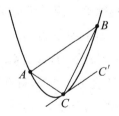

图9-1　抛物线及其切线和三角形

随后,他做出与 AC 的平行的,切点为 D 的抛物线切线;与 BC 平行的,切点为 E 的抛物线切线,构成了三角形 ACD、BCE。他证明:这两个小三角形中每一个的面积为主三角形 ABC 面积的1/8。

这已经是极为聪明的解法了,不过阿基米德的下一步更为绝妙:他在

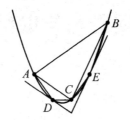

图 9-2 抛物线及三个三角形

想象作平行于 *AD*、*DC*、*CE* 和 *EB* 的切线,再产生 4 个新三角形,然后再 8 个,以此类推。通过这种方式,他论证出抛物线被切线所切割面积等于这些三角形面积的总和。因为当你对这些三角形的面积求和时,即是穷尽了抛物线被切割的面积。

如果把三角形 *ABC* 面积视为 1,则抛物线被切割部分的总面积是无穷级数的和:

$$1 + 1/4 + 1/16 + 1/64 + \cdots$$

如我们所料,阿基米德得到了答案:4/3。这在当时的希腊数学家眼中是个谜,因为他们不明白为何无穷级数求和是有限数。

下一位在无穷级数历史上的重要数学家当属印度数学家马德哈瓦(Madhava)。马德哈瓦于公元 1350 年生于印度喀拉拉邦,死于 1425 年。相比欧洲无穷级数研究的先驱牛顿(1642—1727)等人,他足足早了 300 年。

在公元 1400 年前后,马德哈瓦通过无穷级数来表示函数,并可能已经发现了相当于如今 sin *x*、cos *x* 和 arctan *x* 的无穷级数。马德哈瓦的原作早已失传,但由于他建的学校欣欣向荣,因此他的学生和追随者们得以保留其思想主旨。其后继印度数学家加斯特德维(Jyesthadeva)在公元 1550 年撰写《数理天文原理》(*Yukti-Bhasa*)一书中,解释了马德哈瓦级数中的一种,它等价于格雷戈里级数。

$$\tan^{-1}x = x - x^3/3 + x^5/5 - x^7/7 + x^9/9 - \cdots$$

当马德哈瓦将 *x* = π/4 代入时,得到了后人所说的莱布尼茨级数。但如果细究起来,把它命名为马德哈瓦级数或许更为合适:

$$\pi/4 = 1 - 1/3 + 1/5 - 1/7 + 1/9 - \cdots$$

代入 $x = \pi/6$ 则有：

$$\pi = \frac{1}{12}\left(1 - \frac{1}{3} \cdot 3 + \frac{1}{5} \cdot 3^2 - \frac{1}{7} \cdot 3^3 + \cdots\right)$$

也许正是通过这个数列,马德哈瓦得以将 π 准确计算至小数点后 11 位:$\pi = 3.141\ 592\ 653\ 59\cdots[$Madhava:MacTutor$]$。欧洲的数学家们最终迎头赶上了。莱布尼茨和牛顿发现了微积分,而前者使用这一方法计算了 $\sin x$、$\cos x$ 的级数:

$$\sin x = x - x^3/3! + x^5/5! - x^7/7! + x^9/9! - \cdots$$

以及

$$\cos x = 1 - x^2/2! + x^4/4! - x^6/6! + x^8/8! - \cdots$$

格雷戈里(James Gregory,1638—1675)则再次发现了 arctan x 的级数。随后,牛顿通过类比当 n 为整数时 $(x + y)^n$ 的有限展开式,发现了分式指数的二项式定理。欧洲数学家们的成果到此就暂告段落,时间上也远远落后于马德哈瓦和他的学生们最初研究无穷级数。(数学史并非像我们想象得那么单纯,也并非完全由欧洲数学家们写就。)

调和级数发散

奥雷姆(Nicholas Oresme,1323—1382)被认为是图像和坐标的发明者,当时他使用它们来绘制自变量与应变量之间的关系,就像今天学生们学到的那样[MacTutor:Oresme]。他对无穷级数并不感兴趣,不过他确实证明了调和级数

$$1 + 1/2 + 1/3 + 1/4 + 1/5 + 1/6 + 1/7 + 1/8 + 1/9 + 1/10 + \cdots$$

相加没有确定的和。这个级数看上去似乎是收敛的,一定会有一个极限,因为每一项都在不断变小。事实上它们确实在变小,不过却不够快。要想了解它为何是发散级数,奥雷姆把它与另一个发散级数进行比对:

$$1 + 1/2 + 1/3 + 1/4 + 1/5 + 1/6 + 1/7 + 1/8 + 1/9 + 1/10 + \cdots$$

$$1 + 1/2 + 1/4 + 1/4 + 1/8 + 1/8 + 1/8 + 1/8 + 1/16 + 1/16 + \cdots$$

调和级数中的每一项都大于等于第二行级数中对应的项,而后者可以"同类项集结"表示为:

$$1 + 1/2 +$$
$$(1/4 + 1/4) +$$
$$(1/8 + 1/8 + 1/8 + 1/8) +$$
$$(1/16 + 1/16 + 1/16 + 1/16 + 1/16 + 1/16 + 1/16 + 1/16) +$$
$$(1/32 \cdots$$

括号内的所有项相加均等于1/2,而这个括号的数量是无限的。所以,我们只需额外加2,4,8,16,32,……项,即可以给累加总和加上你想要多少就有多少的1/2。因为想要给总和增加2的话,我们必须给级数加上越来越多的项,这个级数固然发散得很慢,但不管怎样,它确实是发散的,所以调和级数也是发散的。这个发散的速度有多慢呢?想要使总和超过4的话,我们需要增加48项;想使总和超过10的话,需要12367项;而若想总和超过20,则需超过2.5亿项。[Sloane A004080]

还有一个与此大相径庭的方法同样能够证明调和级数是发散的。假设它是收敛的并且其和为 S(这是另一个讨论并不存在的某事物的例子)。那么有:

$$S = 1/1 + 1/2 + 1/3 + 1/4 + 1/5 + \cdots$$
$$= (1/1 + 1/3 + 1/5 + 1/7 + \cdots)$$
$$+ (1/2 + 1/4 + 1/6 + 1/8 + \cdots)$$

由于第三行中 $1/2 + 1/4 + 1/6 + 1/8 + \cdots = S/2$，且第二行中 $1/1 + 1/3 + 1/5 + 1/7 + \cdots$ 中每一项都大于第三行中的对应项，故第二行相加大于 $S/2$。于是有 $S = S/2 + $ 一个大于等于 $S/2$ 的数，但这是不可能的。所以这个级数不可能是收敛的——这也就意味着，它必然是发散的。

奇异的对象和神秘的情景

发散级数——其中调和级数是最先被提出也最简单的——或许很有趣,不过既然它们没有"和",那它们又有什么用呢? 对于这一悖论,其中一种反应是干脆放弃不用,这也是某些早期的现代数学家的做法。害怕得出错误答案,他们逃之夭夭了。

不过,欧拉可没有被吓走。他勇敢地走上了这条道路,并且发现了惊人的结果。事实上,惊人不足以形容,用荒谬也许更恰当。但欧拉没有放弃他的研究,因为他所得到的结果是始终如一的。这些结果有其合理性,这使得他认识到他的问题正在解开发散级数的意义。下面,让我们通过实际案例来感受。首先我们以一个非常简单的振荡级数开始,这个级数:

$$1 - 1 + 1 - 1 + 1 - 1 + 1 - 1 + 1 \cdots$$

可被理解为:$(1 - 1) + (1 - 1) + (1 - 1) + (1 - 1) + \cdots$

结果显然为零。不过,如果这样理解:

$$1 - (1 - 1) - (1 - 1) - (1 - 1) - (1 - 1) - (1 - 1) - \cdots$$

答案则看似为 1。莱布尼茨的论点是,由于从第一项开始,对于前 n 项的求和结果为 $1,0,1,0,1,0\cdots$,而 0 和 1 出现的概率又相等,因此答案"应该"为 1/2。这显然是极富想象力的,并且把概率引入了固定级数的求和问题[Kline 1983:308]。

数学家兼耶稣会教士格兰迪(Guido Grandi)通过这一"展示",得出了完全不同且匪夷所思的结论:0 = 1。他认为,这是以数学的角度解释了世界是如何从无到有地被创造出来的。[Knopp 1928:133n]

相比之下,欧拉更聪明也更富数学想象力。他把级数:

$$1 - 1 + 1 - 1 + 1 - 1 + 1 - 1 + 1 \cdots$$

与我们已知的级数:

$$1 + x + x^2 + x^3 + x^4 + \cdots = 1/(1 - x)$$

进行比较。

将 $x = -1$ 代入,他得出了前一个级数之和应为 1/2 的结论。这一结论与莱布尼茨的结论一致,但看上去仍很荒谬。伯努利(James Bernoulli)

在 1696 年曾把这个结论描述为"并非不雅的悖论"。事实上确实像是个悖论，但悖论的存在意义就是被解释。而欧拉认为发散级数应该被理解为函数特定值的这个基本想法，是意义深远和极端有说服力的。欧拉对自己的判断和直觉保持了相当的自信，他进一步表示：

$$1 - 2 + 3 - 4 + 5 - 6 + 7 - \cdots = 1/4$$

并且
$$1 - 2 + 2^2 - 2^3 + 2^4 - 2^5 + \cdots = 1/3$$

在随后的论文《发散级数》(1760 年)中，他论证了对级数"求和"的意义所在，承诺将"阐明这一迄今为止最大的难题"[Barbeau 1979：357]。随后，他开始研究这一级数：

$$1 - 2! + 3! - 4! + 5! - \cdots$$

他以特有的想象力和毅力，忽略了严谨性，用多种不同方法，得到了上述和的不同结果，包括：0.580，0.605 42 和 0.599 66。[Barbeau 1979：357][Euler 1760]

虽然结果并不一致，但并非毫无缘由。在探索过程中，欧拉天才地使用了近似。如果他的论证不合逻辑，又如何给出这组可比的数字呢？根本不可能嘛！对这组结果的解读则是另一回事了，并且，直到百余年后发散级数才有了令人满意的、不自相矛盾的解释，获得了认可。

欧拉清楚地知道，为了适合无穷级数，他所得到的发散级数的"和"并不普通。他刻意地对"和"的定义做出了改变。这么做，是因为根据他的新定义，他的"实验性"证据足够有说服力。欧拉反复的胆大妄为偶尔也会产生失误，这并不奇怪。但这一次，欧拉是正确的。他的成就远超失误，正如克莱因(Morris Kline)所说，

> "同他的先驱者们一样，欧拉并不严谨，有时甚至是'拍脑袋'的，并且会犯一些错误。不过尽管如此，当他的方法可能引出正确结果时，他的计算表现出了一种不可思议的判断力。[Kline 1983：307]

对于数学这个小世界的探索是深度科学的——这使得数学家们(和

其他科学家们一样)在很长一段时间内处于不确定中。$1-1+1-1+1-1\cdots=1/2$ 这个观点,要么是头脑过于简单,只有小孩子或神秘主义者才有的朴素想法;要么是大数学家(比如莱布尼茨)独有的敏锐直觉,或尽管从表面上看这个观点是极荒谬和危险的,但你无法抵抗级数带来的美的愉悦和实际应用,而对"收敛"和"发散"的术语究竟意味着什么有清晰且合乎逻辑的洞察。

实体应该是什么的概念发展过程,近似物理学家建立原子、电子概念的过程,或确立了光的"波粒二象性"的过程。也许,数学家探索得出的最终结果是明确且清晰的,但是他们的探索过程则可能充满了谜团和困惑。万幸的是,这个过程是激动人心的。

发散级数的实际用途

欧拉自己就描绘了发散级数的一个应用。首先,他证明,

$$(1 + 1/2 + 1/3 + 1/4 + 1/5 + \cdots 1/n) - \log n$$

趋近于某个极值,即欧拉常数。欧拉常数也简写为 γ。欧拉发现,对于 γ,有着如下级数:

$$\gamma = 1/2n - B_1/2n^2 + B_2/4n^4 - B_3/6n^6 + \cdots$$

这里的 B_1、B_2、B_3 等均为伯努利数。非常不幸的是,这个表示 γ 的级数是发散的;非常幸运的是,它有一个非常值得注意的特征——前 n 项和的误差小于第 $n+1$ 项! 由于前几项数非常小,而后续的项则较大,欧拉仅通过该级数的前 10 项即求得:

$$\gamma = 0.577\ 215\ 664\ 901\ 532\ 8\,(6060)\cdots。$$

另一位以人脑计算器著称的数学家高斯在欧拉的基础上更进一步,括号内的四个数字(6060)就是他算出来的 [Bromwich 1931:324 - 5]。这个例子极好地证明了,想象力是洞察和理解数学的必经之路!

第10章　数学的游戏化

　　不确定的探索、敏锐的直觉、似非而是、似是而非，以及超出理解范围内的"正确结论"，这些构成了对于发散级数的早期探索，而发散级数不过是众多难于理解的新概念中的一个代表。许多智慧的数学家经历了多年的痛苦挣扎，才终于揭开发散级数的神秘面纱，理解发散级数的真正含义，并熟练掌握发散级数。

欧拉与多面体

欧拉在另一个领域也遇到了类似的困惑,那就是对多面体的研究。欧拉及更早的笛卡儿(Descartes)都注意到,对于简单的多面体,其顶点数与面数的和,正好等于棱(边)数加2,即:

$$V + F = E + 2$$

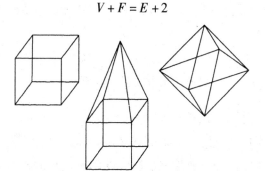

图 10-1 一个立方体、一个八面体和一个四面体与立方体的组合

由此,一个立方体有 8 个顶点,6 个面和 12 条棱,而 $6 + 8 = 12 + 2$。右边的八面体也有 6 个顶点、8 个面、12 条棱。对于中间这个不规则多面体(一个金字塔形四面体与一个立方体的组合)则有 9 个顶点、9 个面、16 条棱,同样有:$9 + 9 = 16 + 2$。

自然而然地,这个简单观察即可得出的结论在召唤数学家们进行解释。不过,早期的论证都不够完美。早期的论证都能找出一个反例,因为没有人能够对"多面体"给出明确定义。

多面体可以有一个甚至几个洞吗? 可以是两个部分相接只共用一个

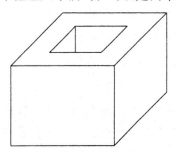

图 10-2 多面体"甜甜圈"

点吗？可以是两个部分相接共用同一条棱吗？如果多面体自身与自身相交，又当如何？那又当如何计算棱和面？于是，早期的论证都被这些"古怪"的反例湮没了。

如果多面体被定义为：由多边形组成的立体形状，那么图 10 - 2 中的这个"甜甜圈"无疑符合定义。但这个立体形状有着 16 个面、16 个顶点，却只有 32 条棱，即：V + F = E。这种内部有洞的立体结构似乎把原公式中的"2"给吃掉了。

拉卡托斯的《证明与反驳》

这个例子由拉卡托斯（Imre Lakatos, 1922—1974）在其 1976 年出版的著作《证明与反驳》（*Proofs and Refutations*）提出并因此广为流传。他在书中忠实地记录了数学家们围绕此问题进行的探索历史，并得出了"数学发展史与科学发展史类似"的结论。不过这个结论是错误的。他只选取了数学史上一段插曲的历程，就错误地把它当作数学史整体的情况。大多数数学定理的形成并没有经历他讲述的类似过程。

拉卡托斯的错误之处，在于过度强调了数学的科学性一面，认为所有数学定理都可能经历反驳——没有意识到数学游戏化的一面。

该书的副标题是：数学发现的逻辑。注意这里的定冠词。他声称，这是"数学发现的一般方法"。他是这样评论演绎法的：

> 故事的整体性消失了。在不断的连续的尝试中，证明步骤得以建立，数学定理得以形成。这个过程注定会被遗忘，只留下完美无瑕的最终结果。[Lakatos 1976：27]

他是真的认为所有的定理都经过这样"不断尝试建立"的过程吗？并非所有定理都是如此。他所选择并加以分析的问题都涉及定义问题，正是在构建游戏化数学中，涉及把定义从非正式变成正式的过程问题。对于已经足够"正式化"的数学内容，他则只字未提。

在将概念、对象的定义正式化的过程中,推理的简单错误即可产生证明的失败,但这也同时指示了正式化过程本身存在失误。

然而,大多数"数学发现"的轨迹则并不包含这样的"非正式理论"的发展。拉卡托斯是怎么评价这些"非正式理论"以外的数学发现呢?他无视这些发现,没有进行评价。

看上去,拉卡托斯并没有意识到,或者可能他也不会接受这样的事实,即如果你选择玩一个游戏——或者自己发明一个游戏——那么随着游戏规则的确立,一些确定的内涵也就必定会建立起来。[Wells 1993b]

除非数学家们能够对"多面体"找到准确的、令人满意的定义,否则是不可能对于多面体顶点、面和棱之间的关系得出进一步的准确结论的。

这也同时指出了另一个问题:欧拉对于多面体顶点、面和棱的关系的表述是简洁优雅的,多面体的概念因这一观点的成立而产生。最终,事实也证明,对于多面体的最佳定义,恰好与数学家们最初对于"多面体应该是什么"的直觉一致。不过,数学家们不断地举出反例和反例的反例的过程并没有白费。反而,正是由于经过了这样的"千锤百炼",使得数学家们不得不创造出"最好、最合适"的定义——正如他们最终发现,对角度的最佳度量方法原来是弧度制一样。

群论的发明——发现

与发散级数和多面体不同的是，群论的创建者从没有遇到这样的问题。早期的群论理论家犯了很多错误——但和欧拉关系式的情况不同——这些错误并非定义的错误，而是游戏化的错误。

群论的创立，部分源于对方程根的置换的想法。下面这个例子举的是 5 个对象，它们不必是方程的根，它们可以是任何对象。

我们不妨从假设一个有序集合开始，即：$S = \{a\ b\ c\ d\ e\}$

然后它们的序列改变为：$\{b\ c\ a\ e\ d\}$

我们发现 $a \to b$、$b \to c$、$c \to a$，形成了 $a \to b \to c \to a \cdots$ 的一个完整循环。与此同时，d 与 e 仅仅是交换了位置：$d \to e$、$e \to d$。我们可以用 $(a\ b\ c)$ 代表前一个循环，用 $(d\ e)$ 代表后者。那么从第一行到第二行的置换可以清晰地被定义为：$(a\ b\ c)(d\ e)$。

有时，一个置换中的某个元素的位置根本不变。

在这个例子中，如果 $\{a\ b\ c\ d\ e\}$

置换后为 $\{d\ b\ e\ c\ a\}$

那么我们可以把整个置换表示为：$(a\ d\ c\ e)(b)$，用来表示由四个数字构成了一个循环，而 b 的位置则保持不变。

只要我们愿意，可以把这个置换一直重复下去。如果把 $(a\ b\ c)(d\ e)$ 表示为 X，则可以把置换 X 一次又一次地重复下去，有：

$$S = \qquad\qquad \{a\ b\ c\ d\ e\}$$
$$XS = \qquad\qquad \{b\ c\ a\ e\ d\}$$
$$XXS = X^2S = \qquad \{c\ a\ b\ d\ e\}$$
$$XXXS = X^3S = \qquad \{a\ b\ c\ e\ d\}$$
$$XXXXS = X^4S = \qquad \{b\ c\ a\ d\ e\}$$
$$XXXXXS = X^5S = \qquad \{c\ a\ b\ e\ d\}$$
$$XXXXXXS = X^6S = \qquad \{a\ b\ c\ d\ e\}$$

所以，$X^6S = S$。这并不奇怪，因为 $(b\ c\ a)$ 每置换三次后从 $(a\ b\ c)$ 回

到$(a\,b\,c)$。而每次置换$(d\,e)$正好"撤销"了上一次置换效果,所以要把$(b\,c\,a\,e\,d)$"撤销",需要进行$2 \times 3 = 6$次操作。

这只是置换代数的开始。事实上有一种非常自然的方式对置换"做乘法"。如果把$(a\,b\,c)(d\,e)$表示为X,而把$(a\,d\,c\,e)(b)$表示为Y,那么XY就可以清晰、明白地被定义为置换X叠加在置换Y的结果之上后的效果,即:

$$S = \qquad \{a\,b\,c\,d\,e\}$$
$$YS = \qquad \{d\,b\,e\,c\,a\}$$
$$XYS = \qquad \{e\,c\,d\,a\,b\}$$

通过进行X置换、再进行Y置换,我们可以计算出YXS:

$$S = \qquad \{a\,b\,c\,d\,e\}$$
$$XS = \qquad \{b\,c\,a\,e\,d\}$$
$$YXS = \qquad \{b\,e\,d\,a\,c\}$$

在这个例子中,XY置换和YX置换的结果并不相同,即X、Y不是可交换的。不过,对同样n个对象进行的置换都是可组合的,意思是说:对于置换X、Y、Z,有$(XY)(Z) = (X)(YZ)$。同样,所有的置换均有一个逆置换,即通过这个逆置换,可以立刻"撤销"上一次的置换。

由此,置换:$\qquad X = (b\,c\,a)(e\,d)$

逆置换$\qquad\qquad X' = (c\,b\,a)(d\,e)$

由于$X'XS = S$,那么同样地,也有$XX'S = S$,也就是说X与X'的顺序并不重要。X与X'是可互换的。

我们正在逼近定义一个运算群,而这并不局限于对象的置换。一个群的定义规则或公理,即为当你从一个状态集合开始,每经过一步运算可以进入这一集合的另一种状态。同样,必然存在一个什么都不改变的恒等运算(通常以I标记)。对于前面例子中5个对象的置换,恒等置换$I = (a)(b)(c)(d)(e)$。同样,对于每个运算P,都存在逆运算P',并且$PP' = P'P = I$。最后,所有运算都是可组合的。

凯莱(Arthur Cayley)曾经证明,每个群都与某个置换群是同构的——意思是本质上相同,这表示看似简单的置换群实质上却是所有存在的群的代表。置换群并非看起来那么简单,群论也是异常复杂的。这个例子恰好证明,一个简单的概念可以引出复杂、丰富的数学小世界。

在这里,我们想要强调的是:由于置换的概念简单、直接,因此在由置换概念引出群论的过程中,并没有像在发散级数或多面体的完美理论形成过程中遇到的那么多阻碍和尴尬。

数学的不同分支在起源上有着极大的差异,有些开始时就很明晰,有些则极为模糊不清。或许正是因为这样,使得不同分支领域的数学家们对于数学是什么,应当怎么研究数学有着极为不同的认识。

阿蒂亚-麦克莱恩之争

在麦克莱恩(Saunders Maclane)与伯克霍夫(Garrett Birkhoff)共同编写的《现代代数概论》(*A Survey of Modern Algebra*)中,记录了麦克莱恩与阿蒂亚(Michael Atiyah)的一段争议:

> "我采取的是一种标准立场——你首先需要明确感兴趣的学科,建立所需的公理以及定义引用的术语。阿蒂亚更青睐的是理论物理学家那一套。对他们而言,新概念被提出时,不需要停下来对其进行准确的定义,因为这会产生破坏性的约束。相反,他们围绕这个概念进行论述,发展各种各样的联系,最终才产生一个更契合、含义也更为丰富的定义。不过我仍然坚持作为数学家应当首先知道我们在讨论什么……这个例子或许表明,截至目前数学家们还没有对'应当怎样进行数学研究'达成共识……"[MacLane 1983:53]

坦白地说,数学家们从未就此达成共识。阿基米德、丢番图(Diophantus)、费马(Fermat)、欧拉、牛顿……这些数学家们以不同的方式并用不同的方法取得成功。阿蒂亚的成就更集中于几何领域,而麦克莱恩则是代数学家。阿蒂亚对于几何的看法是这样的:

> "作为数学的分支,几何学中视觉思维要占据主导地位;而在代数中,连贯性思维占据主导。这种差异或许可以更准确地表达为'直觉'与'严谨'的不同。当然,无论是直觉还是严谨,都是数学解题中不可或缺的。"[Atiyah 2003:29]

阿蒂亚在晚年转向理论物理研究,这也许不是巧合。我们可以认为,麦克莱恩眼中的数学有着游戏化的起源,而他也正是这样棱角分明的数学家。反过来,阿蒂亚更像是一个物理学家。他所探索的,是一个充满未知的朦胧的数学世界,因此在犹豫和深入探索中试图获得清晰和准确,而麦克莱恩则正是从这清晰、准确处开始探索的。

怀尔斯也曾恰如其分地描绘了在黑暗中探索数学世界的感受,他说:

说起我探索数学的经历,也许用对一所黑暗未知宅邸的探索之旅来形容最为恰当。当你进入到第一个房间的时候,房间是全黑的,你跌跌撞撞地磕到家具,但大体上知道了每件家具的位置。最后,也许是六个月以后,你摸到了电灯开关。在按下开关的那一刹那,一切都变得明亮起来。这时你把自己所处的位置看得清清楚楚。然后你进入到下一个房间,又在黑暗中度过另外的六个月。所以每一个突破,虽然有些是发生在瞬间的顿悟,有些则经过了一两天,它们都是长达数月的摸黑探索的突破——没有摸黑探索根本无法实现。[Griffiths 2000]

数学与几何

数学家是许多的数学小世界的探索者。探索者们常常发现全新的、惊人的、甚至难以准确描述的事物和现象。事实上,正是由于它们是全新的、令人吃惊的,早期探索者们在描述它们时往往是失真的,在理解它们时往往是有偏差的,因此给出的结论也往往是有误导性的。

这些新鲜事物或像袋鼠,或像海牛,或像肉食植物,在更进一步地研究之后,人们才得以了解其真正本质。数学家探索数学小世界也是如此。这一视角自然而然地使我们把数学家与科学家联系在一起。在接下来的章节中,我们即将讨论这一主题。

第11章 作为一门科学的数学

引言

维多利亚时期伟大的科学家赫胥黎（T. H. Huxley）曾经以欧几里得为原型，错误地把数学当作一门演绎性的学科，对比之下自然科学倒是理性的，是基于观察、实验和猜想的。不过，另一位同样伟大的数学家西尔维斯特（James Sylvester，1814—1897）则持不同观点，在 1869 年，他向英国科学促进协会作了著名的演讲，指出：

> （赫胥黎）表示"数学训练几乎是纯演绎性的。数学家从几个简单而不证自明的命题出发，其余的工作都是从它们进行微妙的推断……"我们被（赫胥黎）告知，"数学研究与观察、实验、归纳、因果毫无联系"。

西尔维斯特表示了极大的震惊，他说：

> "我认为再没有比这说法更背离显而易见的事实的了。数学分析的过程不断地需要借助新的原理、新的概念、新的方法，这些往往不能由文字定义，而是在不断地密切观察辨别外界的客观物

理世界后,由人类思维的内在力量和活动直接迸发,并且在面对不同现象时不断反省、不断更正的……这就不断地唤起观察和组合的能力,它的主要武器之一就是归纳;这就需要时不时地借助实验和查证;这就给予想象力和创造力无穷的施展空间。"

西尔维斯特还补充道:"归纳法和类比法是现代数学所特有的特征。"[Midonik 1968 v.2: 370-1]

西尔维斯特是对的。数学家们建立自己的小世界,用科学、游戏化的方式在其中探索,这一点颇为类似游戏玩家们。在这些小世界中,有着丰富的对象、性质、关系供数学家们观察——这些新世界常常好似有着自己的生命一般。我们会说一个数列或级数"无穷无尽"或"趋向无穷",或一个形状"变形"成另一个形状。我们不仅观察静态的对象,也观察数学运算、数学变化所带来的动态过程。这些数学对象由数学家们首先命名、构建,但这并不意味着它们无法用科学的方法学习,这只是意味着你希望通过更进一步的研究,通过数学的方法证明其结论。

经验主义的科学家可以观察,可以探索,可以猜想,可以检验,却无法"证明"。所以,确实可以认为数学也是经验主义的,不过是"经验主义+"。这个"+"体现在它的游戏化上,而这一点至关重要。

当我们用绘图或建模帮助思考时,数学经验主义又游戏化的特性格外突显。阿基米德死于罗马士兵之手,当时他正在沙地上画一个几何图形。阿基米德没有误把图形,等同于数学实体。这只是数学的一个表现形式,而且由于缺少基本的书写工具,还显得颇为粗糙。在今天,人们有数不清的图纸和精确的绘画工具可供使用,甚至还能用上计算机和几何绘图包,即使是一个小孩也可以画得比阿基米德更好。

这种表现形式是非常有必要的,因为这样一来,就可以将脑海中复杂得几乎无法进行实验研究的想法尽可能地可视化。计算机也提供了另一种新的计算和表现可能,推动了实验性、探索性数学领域的发展。不过,实验性、探索性的数学并不是在有了计算机之后才出现的——数学家一直在探索数学的小世界。

三角几何：三角形的欧拉线

三角几何定理是怎么被发现的呢？很多数学家和我一样认为，这是在长时间的"玩来玩去"后发现的。[Davis 1995：206]

欧氏几何是建模在物理平面上的，因此可以在任何平坦的表面上进行实验。一开始，只需要粗略地作图即可；随着思考的渐渐深入，就需要越精确越好。

实际几何图形中的线条从来都不是无穷细。如果用铅笔或签字笔来画，线条甚至有一毫米或更粗。同样，笔尖也不可能是无穷小，有时候点甚至比线还粗。

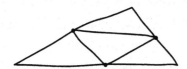

图 11 - 1　手工绘制的三角形及由中点连成的三角形

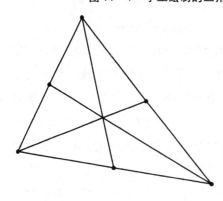

图 11 - 2　三角形的中点及中线

不过，即使对于大多数小学生而言，看到点有点大、线有点粗、甚至歪歪扭扭，也不会造成任何困惑。因为画图太容易了——而实验也太有趣了——据说，几乎所有初等几何所教的几何内容，最初都是通过实验得出，随后才被证明的。当然，如果要用来实验，那么图形最好还是画得精确点。图 11 - 2 就是个例子：

我们画出三角形每条边中点到对面顶点的连线（中线）。这些中线是共点的，它们交汇于同一点，并且这个点恰巧还是三角形的重心（常记

为 G)：如果用一块纸板把三角形剪下来，那么用一个笔尖就可以在这个点上找到平衡。

这只是三角形的许多中心中的一个。从三角形的边画出垂直平分线，三条垂直平分线同样交汇于同一点，这个点是三角形外接圆的圆心，称为外心。

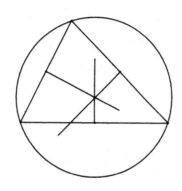

图 11 - 3　三角形与外接圆

从图 11 - 3 中可以看出，两条垂直平分线的交点到三个顶点的距离都相等，因此这个点也一定位于第三条垂直平分线上。同时，这个点也是外接于三角形三个顶点的唯一的圆的圆心。

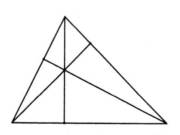

图 11 - 4　三角形的高

我们也可以画出三角形的高，即从一个顶点出发的、与对边垂直的线。这三条高也是共点的。它们的交点称为垂心（见图 11 - 4）。如果我们把三角形的重心、外心和垂心都画在同一个图里，会怎样呢？也许我们会认为我们会画出三个毫无关联的点，毕竟我们是用三种完全不同的方法构建出这三个"中心"的。

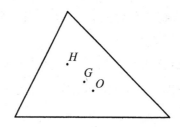

图 11-5　三角形与欧拉点

答案或许会令你大吃一惊。垂心 *H*、外心 *O* 和重心 *G* 位于同一条直线上。这条直线由欧拉首先发现,因此被称为三角形的欧拉线。巧合的是,这个图形还有一个额外的性质,也是欧拉发现的。那就是:在线段 *OH* 中,$GO:GH=1:2$。

现代三角几何学

古希腊人知道三角形的四个"心",分别是重心、内心、外心和垂心。继而,又有更多的点被发现、描述和分析出来。当然,这些发现往往源于对三角形的"玩来玩去",而这正是每个人——而不仅仅是数学家——创造性的一个方面。

其间,欧拉与费尔巴哈(Feuerbach)发现了三角形的"九点圆"(图11-6):

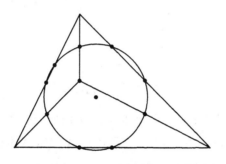

图 11-6　三角形与九点圆

有九个点总是位于同一个圆上,它们分别是:各边的中点、从各顶点引出的到对边的垂足以及从各顶点到垂心的中点。我不禁回忆起,当我12或13岁时,施特劳先生在黑板上写下了题解,这是我首次学习证明这个定理(不过我们并不需要证明九点圆的其他特性,比如它与三角形内切圆和三个外切圆相切)。

对于传统的欧氏几何学家而言,九点圆的发现无疑是新奇的,并且是一次复兴的起点。在 1873 年,勒穆瓦纳(Emile Lemoine,1840—1912)向法国科学促进协会宣读了一篇论文,题为"三角形中一个引人注目的点的某些性质"。这个点后来被命名为勒穆瓦纳点,尽管这个点实际上并非由他首次发现①。布洛卡点是根据其发现者布洛卡(Henri Brocard,1845—1922)的名字命名的。他并非是在实验中发现了这样的两个点,而是在挑

---

① 这里所说的勒穆瓦纳点即指九点圆的圆心。——译者注

战一道公开发表的数学难题时,发现了能够使∠OAB、∠OBC、∠OCA 相等的点 O:

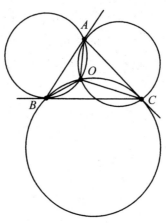

图 11-7 布洛卡点

这张图向我们展示了一个布洛卡点的几何构造:图中的三个圆,每个圆都经过两个顶点与三角形的一条边相交。如果使∠OAC、∠OCB 和∠OBA 相等,那么我们就可以得到第二个布洛卡点。

很快,不断有新的点、线、圆被发掘、分类和命名,就好像自然博物馆里陈列的、以发现者名字命名的标本一样。纽伯格(Joseph Neuberg,1840—1926)以他的名字命名了纽伯格圆;奈格尔(Christian Nagel,1803—1882)以他的名字命名了奈格尔点;季培特(Ludwig Kiepert,1846—1934)以他的名字命名了季培特双曲线;隆尚(G. de Longchamps,1842—1906)以他的名字命名了隆尚点,等等。不过,这一股风潮并没有持续太久。正如戴维斯(Philip Davis)所说,在 1914 年出版的《数学科学百科全书》(*Encyklopaedie der Mathematischen Wissenschaften*)中,关于现代三角几何的篇幅长达一百多页,而今天这一课题(几乎)被完全遗忘。为什么?

数学领域的探索者们可以像博物学家那样,在平原和森林中跋山涉水,把发现的每样东西都记录下来;也可以像带着仪器的地质学家、地貌学家,或化学家、物理学家那样,研究地貌的整体特征;挖掘地面发现地貌的形成原因,检测表面上看不见的特征,尽可能深入地理解地貌。数学的创造力可以是广而泛的,也可以是深而透的。

毕达哥拉斯定理可以说是深远的,因为它代表了欧氏几何的平面的一个基本特性。欧氏几何本身也是有深度的,不仅仅是因为其理论的丰富,而且也因为可以从几个简单假设引申出无数定理、命题。欧几里得总结了古希腊人的工作,是最早设想这样一种可能性的人。

欧氏几何也呈现了一种强大的技巧。然而,随着对这些技巧的深入理解,以及新技巧的引入——包括坐标系的引入——欧氏几何的研究逐渐变得更常规,更仅是一种完好的手段,因此失去了挑战性和刺激性。欧拉线和九点圆确实是新奇的,但奈格尔点就不够新奇了。现在,已经有超过几百个经过命名的"特殊点"——因此它们也就不那么特殊。现代数学的巨大挑战已渐渐衰退,远离三角几何了。

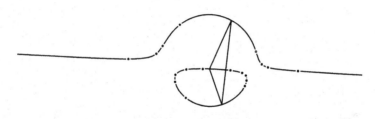

图 11－8　三次曲线与曲线上的 21 个点

不过,现代三角几何学可能正在以严肃科研课题的身份回归。这得益于计算机现在能极简单地搜寻特殊点并记录其特性,使得数学家们能解脱出来,得以尽情研究数学对象更深入的问题,比如图 11－8 中的三次曲线。这个曲线被称为纽伯格曲线,或 21 点三次曲线。之所以这样命名,是因为最初人们发现三角形上的 21 个特殊点都位于该曲线上,包括三角形的 3 个顶点、垂心、外心、内切圆圆心、3 个旁切圆圆心以及拿破仑定理中 3 个等边三角形的 6 个顶点。

不过,后来人们发现这一曲线还包括了其他许多个特殊点:为什么那么多? 它还包含了其他许多性质,如三角形的欧拉线平行于三次曲线的渐近线,内切圆圆心、旁切圆圆心的切线也与该三次曲线的渐近线平行。为什么?

这些特殊点间直接还存在许多其他关联,且有很多点是共线的:为什

么？（答案与群论有关）

这里有两个相互独立的"为什么"。浅层次的"为什么"，可以通过直截了当的证明来解释这些性质如何由基本定义引出。而更深层次的"为什么"问的是为何这些性质自始至终存在？我们在毕达哥拉斯定理中就遇到了这种区别。想要证明它相对容易，可以有上百种方法；而要解释其为何存在则是一个更微妙、更深邃也更重要的问题。

如果拆分开来作个别对待，大多数特殊点并没有那么特殊，然而把这些"特殊点"当作整体来看待，新的问题、新的性质就出现了。这就号召我们去观察、去理解、去回答，这也是数学进步的方式。

七圆定理与其他新的定理

在 1974 年，一部名为《七圆定理与其他新的定理》(*The Seven-Circle Theorem, and other New Theorems*) 的奇妙小书出版了。从书名我们就可以看出，这本书好似恰巧说明了几何定理确实种类繁多，层出不穷。

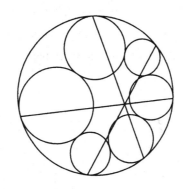

图 11-9　七圆定理

这张优雅的图几乎是不解自明的。一串 6 个链状的小圆内切于另一个较大的圆中（也可以是外切）。把链条中任意"相对"的两个小圆与大圆的切点连接起来，所得到的三条直线相交于同一点。就如同在许多类似定理中一样，我们可以想象其中一个或几个小圆膨胀，直到它变成一条直线。在图 11-10 中我们可以见到两个这样的圆，并且所有的 6 个圆是外切的。

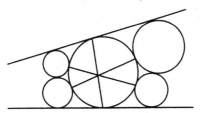

图 11-10　两条直线情况下的七圆定理

[Evelyn, Money-Coutts & Tyrrell 1974：32，35，39]

正如书名《七圆定理与其他新的定理》所表示的那样，书中还记录了一些"其他的新的定理"，包括：七边形定理、三锥线定理、九圆定理等。

这些定理从何而来？是这三位作者自己发明或发现的吗？是他们通过推理还是实验发现的呢？我们不知道，因为他们只是狡猾地评论道："在得出这些定理的过程中，我们体会到了很多乐趣。"并补充说他们"出于对美的欣赏"收入了大量"对我们的非数学家朋友们也相当有吸引力"的图示。

众所周知，当代科学催生了大量的美丽图形，数学——作为——科学也不例外。数学的小世界无一例外地美丽，而初等几何学之所以特殊，是因为它如此清晰、直白地将这样的美展现了出来。

第 12 章　数字与数列

数学老师都知道,学生善于发现数列中的规律,却不太能够证明这些规律。以斐波那契数列为例:

$$1 \quad 1 \quad 2 \quad 3 \quad 5 \quad 8 \quad 13 \quad 21 \quad \cdots$$

这个数列中,每一项数字均为前两项之和,任何有足够经验的学生在观察其中连续三项后,还能发现一个额外的规律。以 3、5、8 或 5、8、13 为例,可以注意到:

$$5^2 = 3 \times 8 + 1 \ \text{并且} \ 8^2 = 5 \times 13 - 1$$

还有:

$$2 \times 3 = 1 \times 5 + 1 \ \text{并且} \ 3 \times 5 = 2 \times 8 - 1$$

以此类推。而如果想要知道为何前一项 +1、后一项 −1,或者想要知道为何总是存在这样(带有些许差异)的规律则要难得多。发现规律是相对简单的科学,而证明则是相对更难的数学。

毫不奇怪,所有伟大的数学家,比如欧拉和高斯,都极其善于发现规律。

平方和

我们已经知道：

$$1 + 2 + 3 + 4 + 5 + 6 + \cdots + n = \frac{1}{2}n(n+1)。$$

于是我们自然而然地会产生这样的疑问：如果是一列平方数求和，会怎样？

$$1^2 + 2^2 + 3^2 + 4^2 + 5^2 + 6^2 + 7^2 \cdots + n^2 = ?$$

当然可以对平方进行求和。标准答案是：$\frac{1}{6}n(n+1)(2n+1)$。这个答案总是让我恼火，因为因数 $2n+1$ 似乎来得莫名其妙。不管怎样，让我们试着计算所有奇数的平方和。这个数列知道的人就少一些了。比较科学的方法是先计算出前若干项之和，寻找其中的规律：

1^2	$=$	1	$= 1 \cdot 1$
$1^2 + 3^2$	$=$	10	$= 2 \cdot 5$
$1^2 + 3^2 + 5^2$	$=$	35	$= 5 \cdot 7$
$1^2 + 3^2 + 5^2 + 7^2$	$=$	84	$= 3 \cdot 4 \cdot 7$
$1^2 + 3^2 + 5^2 + 7^2 + 9^2$	$=$	165	$= 3 \cdot 5 \cdot 11$
$1^2 + 3^2 + 5^2 + 7^2 + 9^2 + 11^2$	$=$	286	$= 2 \cdot 11 \cdot 13$
$1^2 + 3^2 + 5^2 + 7^2 + 9^2 + 11^2 + 13^2$	$=$	455	$= 5 \cdot 7 \cdot 13$

自然数的平方和公式是三个因数相乘，再额外乘以 1/6。于是我们将此作为提示，将其因数写在最右边一列。在最后三行中，我们能够很清晰地看到规律：相加到 11^2 和 13^2 时，求得的和都包括因数 11 和 13，但相加到 9^2 时，9 并不是平方和的因数。那么这个 9 去哪儿了呢？快变身为福尔摩斯，答案就会出现。我们只需要把 1/6 从所得和中提取出来，就可以得到：

数列：$1^2 + 3^2 + 5^2 + 7^2 + 9^2$ 的和为：$\frac{1}{6}(9 \cdot 10 \cdot 11)$

数列：$1^2 + 3^2 + 5^2 + \cdots + (2n-1)^2$ 则应为：$\frac{1}{6}(2n-1)(2n)(2n+1)$。

虽然我们还没有证明这个结论,但这个求和公式确实是成立的。在我们结束这个小实验前,我们再进行另一项观察:因数 $2n-1$, $2n$ 和 $2n+1$ 中的 2 提示我们,可以进一步将平方和公式 $\frac{1}{6}n(n+1)(2n+1)$ 改写为:

$$\frac{1}{4} \cdot \frac{1}{6}(2n) \cdot 2(n+1) \cdot (2n+1)$$

$$或 \frac{1}{24}(2n)(2n+1)(2n+2)$$

啊哈! 这样一来,令人讨厌的不对称性就消失了!

简单问题,容易答案

关于多角数的智力题大多相对容易回答,这也许就是因为它们有着强烈的规律性。我们也许会推测:规律性越强,证明越容易。毕竟,证明离不开规律,而规律的发现则是证明灵感的开始。

这个假设太过宏观,我们稍后再讲。现在,我们要试着通过一些与素数相关的问题来验证这个规律。

素数

"相比于任何其他的纯数学分支，数论在最初更是一门经验科学。数论中大多数著名的定理都经过反复猜想才得以证明，有时这一过程甚至长达百余年甚至更久。而这些证明，无一不是建立在大量的计算过程之上的。"［Hardy 1920：651］

素数是不能被 1 和自身以外的数整除的数。

素数由小到大依次为：

2	3	5	7	11	13	17	19	23	29	31	37
41	43	47	53	59	⋯						

看上去似乎毫无规律，事实也如此。我们可以通过构建如下的埃拉托色尼筛法寻找素数，看看为什么并不令人感到意外。埃拉托色尼（Erastosthenes）是阿基米德的朋友，卓越的天文学家、数学家。

(1)

2	3	4	5	6	7	8	9	10
11	12	13	14	15	16	17	18	19	20
21	22	23	24	25	26	27	28	29	30
31	32	33	34	35	36	37	38	39	40
41	42	43	44	45	46	47	48	49	50
51	52	53	54	55	56	57	58	59	60
61	62	63	64	65	66	67	68	69	70
71	72	73	74	75	76	77	78	79	80
81	82	83	84	85	86	87	88	89	90
91	92	93	94	95	96	97	98	99	100

这个数列从 1 开始。1 除了 1 以外没有其他因数，但我们实际上并不把 1 当作素数；这主要是因为如果把 1 排除在素数之外，那么许多定理、公式表述会更容易（古希腊人认为 1 是特殊的存在，因为 1 是一个单位，其他

所有的计数数都由它产生,因此从历史角度看排除 1 也是颇为合理的)。

1 以后的首个素数是 2,把后续所有偶数都从列表中划去;接下来就是 3,把后续所有 3 的倍数都划去;再接下来是 5,我们又把后续 5 的倍数都划去;依此类推……

这个过程看似简单,实际却很复杂。我们来看一下原因。在这个平方数所组成的数列中:

$$1 \quad 2 \quad 3 \quad 4 \quad 5 \quad 6 \quad 7 \quad 8 \quad 9 \quad 10 \quad \cdots$$
$$1 \quad 4 \quad 9 \quad 16 \quad 25 \quad 36 \quad 49 \quad 64 \quad 81 \quad 100 \quad \cdots$$

每一个平方数都是从上面的计数数计算得来的。当然,也可以从前一项计算得出后一项(是的,确实可以通过 25 计算出 36),但这样做既复杂也没必要。而对于素数,情况则有所不同。在我们使用埃拉托色尼筛法时,我们直到完成前一个素数的完整筛选过程以后,才知道下一个需要筛选的数是几。

想要从数字 n 推算出第 n 个素数,或者从第 $n-1$ 个素数推算出第 n 个素数,几乎是不可能的——人们从来没有发现相关的可行公式。这就暗示我们:素数的出现是极不规律的。于是,这就引出了一些严肃(但非常吸引人)的问题。这并不意味着我们从中得不到任何结论,虽然除了那些极简单的定理以外,它们的证明都极端困难。

我们显然可以推测,素数有无限多个。无论我们找到多大的一个素数,总能找到“下一个”更大的。但我们要怎么证明这一点呢?欧几里得最伟大的成就之一(无论是不是他自己发现的),是记录了一个简单的、能够证明素数无穷多的方法。他认为,如果素数只有有限多个,例如,如果 p 是最大的素数,那么素数数列可以写为:

$$2 \quad 3 \quad 5 \quad 7 \quad 11 \quad 13 \quad 17 \quad ,\cdots, \quad p$$

把这个数列的乘积加上 1 为:

$$(2 \cdot 3 \cdot 5 \cdot 7 \cdot 11 \cdot 13 \cdot 17 \cdot \cdots \cdot p) + 1$$

得到一个无法被从 2 到 p 的任何一个素数整除的数字。这也就意味着这个数要么本身是一个素数,要么有另一个新素因数。无论哪种情况,从 2 到 p 是所有素数的集合的假设都是错的。

素数对

如果把最小的几个素数写在纸上,你不难发现其中的一些是成对出现的:

$$3,5 \quad 5,7 \quad 11,13 \quad 17,19 \quad 29,31 \quad 41,43 \quad 59,61 \quad \cdots$$

这就使我们立刻产生了一个猜想:孪生素数猜想。这个猜想指出,正如同存在无穷多个素数一般,也有一个素数对无穷数列。随着数值的增大,它们出现的频率越来越低——这一点我们很容易理解——但我们总能找到下一对孪生素数。很多人相信这一猜想,却从未有人能够证明它。

在孪生素数猜想之后,我们自然而然又注意到了三个连续素数,如 $5-7-11$、$11-13-17$ 或 $17-19-23$;它们之间的差总是 2 然后 4,人们猜想这样的关系会一直延续下去。得出这样的猜想很容易,证明起来却很难。不过,数学家们正在取得进展。在 1923 年,哈代和他的长期合作伙伴李特尔伍德(J. E. Littlewood)发表了一篇论文,提出了十余个大胆的猜想。这些猜想固然大胆,却是建立在他们对于素数理论异乎寻常的深刻理解和他们原创的方法之上的。这包括了一个孪生素数预期数量的计算公式;像 $5-7-11$、$5-7-11-13$ 甚至 $5-7-11-13-17$ 这类(差值总是 2、4、2、4)素数模式在数量上也都是无穷的猜想;以及一个形为 n^2+1 的素数个数的计算公式[Hardy & Littlewood 1923:1-170]。

如何才能猜想一个复杂的公式? 正如我们所说,哈代和李特尔伍德在多年研究和敏锐的洞察力的基础上产生了(对于素数)深刻的认知:在这个基础之上,你就可以进行冒险、大胆和具体的猜想了。迄今为止,他们所提出的猜想中,还没有哪个已被证伪,不过也没有哪个已被证实,也许这正是他们的深奥所在。

猜想的局限性

正如哈代所说,素数的历史确实是由实验和猜想写就的,但这并不意味着这种情况会一直继续下去。随着问题越来越难,简单粗暴的实验变得越来越不可信。费马及其追随者们在19世纪关注的早期的素数理论逐渐发展成为解析数论,应用微积分和复变量证明了其中一些深奥的定理。因此,作为理论大师的哈代提出过这样的警告:

> 数学的有些分支有着令人愉快的特性,在这些领域中直觉往往被证明是对的。在(解析素数)理论中,任何人都能提出一些貌似真实的猜想,而这些猜想几乎都是错的。[Hardy 1915:18]

在另一个场合,哈代指出:

> 提出一个聪明的猜想相对容易。事实上,有些理论,比如"哥德巴赫猜想"就从来没有人能够证明。然而任何傻子都能提出这个猜想![Hardy 1940:19]

在1742年,哥德巴赫(Goldbach,1690—1764)猜想,任何大于2的偶数都可以拆分为两个素数的和。前几个偶数的例子很容易被证实:

$$4 = 2 + 2$$
$$6 = 3 + 3$$
$$8 = 5 + 3$$
$$10 = 7 + 3 = 5 + 5$$
$$12 = 7 + 5$$
$$14 = 11 + 3 = 7 + 7$$
$$16 = 13 + 3 = 11 + 5$$
$$18 = 13 + 5 = 11 + 7$$
$$\cdots\cdots$$

和哥德巴赫一样,我们不必太费力气就可以进一步提出猜想:几乎所有偶数可以拆分为两个素数的和,并且还不止一种拆分方式。不过这个猜想至今仍然只是个猜想,尽管现在常被称为哥德巴赫定理。我们所知的只是,每个足够大的奇数可以分解成三个素数之和,而几乎所有的偶数都是两个素数之和。

波利亚猜想及其驳斥

哥德巴赫猜想有没有可能是伪命题？历史确实曾提出过警告。在 1919 年,波利亚将小于等于 N 的正整数中有奇数个因数的和有偶数个因数的进行比较,发现前者明显比后者多得多。他把小于等于 N 的正整数中有奇数个因数的个数计为 O_N,有偶数个因数的数目计为 E_N,即:

$$O_N \geqslant E_N$$

实验性计算表明,对于很多数值较小的数字,这个猜想是成立的。于是人们推断对于所有正整数,这个猜想都成立。然后,到了 1958 年,人们证明这个猜想并非总是成立:这样的例外有无穷个。四年以后,雷曼(R. S. Lehman)发现了波利亚猜想的首个反例;到了 1980 年,田中(M. Tanaka)发现了波利亚猜想的最小反例:906 150 257。[Haimo 1995]

随着近些年来高性能计算机的出现,现代实验数学开始腾飞。基于这点,当代数学家们更应以"caveat computat"(意为:注意计算)为座右铭。在博尔文(Borwein)兄弟提出的 7 个看似正确的方程式中,一个计算到 30 位数;一个计算到 18 000 位数;第三个甚至计算到 10 亿位数后才找到了反例。[Borwein & Borwein 1992:622]

数学实验的局限性

实验对于数学至关重要,却又有局限性。如果卡尔丹和后来的数学家满足于通过实验得到多项式的根,他们也许能够相对容易地发现解的近似值——通过现代计算机我们几乎可以立刻做到这一点——但如果他们满足于这样一种干巴巴的方法,可能就会错过复数、群论这样创新且深刻的新概念。另一方面如果你向计算机程序输入一组三次方程的系数和解的近似值,计算机将给出关于这两组数据的公式,尽管你一开始并不知道为何这个公式成立,但你会因此获得一些更深入思考的提示。所有数学家都是"侦探",而实验则是发现线索的绝佳途径。

实验也有另外一面:失败的可能性。并非所有的实验结果都与预期一致,任何看似逻辑严密的证据都可能有瑕疵,而实验数据也可能看似有说服力,但实际上在经过进一步研究后却被发现不过是虚幻假象。这里有两个例子,一个是数论的例子,另一个是几何学的例子。第一个例子是小学生也能发现的,而第二个例子真的是由小学生发现的。

下图是一个帕斯卡三角形,也称二项式三角形,因为它与 $(1+x)^n$ 的展开式的系数一致。

```
                    1
                 1     1
              1     2     1
           1     3     3     1
        1     4     6     4     1
     1     5    10    10     5     1
  1     6    15    20    15     6     1
```

以此类推。

在这个三角形中,每一个数字都是其左上方和右上方两个数字相加的和。

下图是帕斯卡三角形的一个变体,称为三项式三角形。因为它的每一项对应于三项式 $(1+x+x^2)^n$ 展开后的系数。

$$\begin{array}{ccccccccccc}
 & & & & & \mathbf{1} & & & & & \\
 & & & & 1 & \mathbf{1} & 1 & & & & \\
 & & & 1 & 2 & \mathbf{3} & 2 & 1 & & & \\
 & & 1 & 3 & 6 & \mathbf{7} & 6 & 3 & 1 & & \\
 & 1 & 4 & 10 & 16 & \mathbf{19} & 16 & 10 & 4 & 1 & \\
1 & 5 & 15 & 30 & 45 & \mathbf{51} & 45 & 30 & 15 & 5 & 1
\end{array}$$

以此类推。这里,每一项都是其正上方、左上方、右上方三项之和。

正中的一列,即 $1,1,3,7,19,51,\cdots$ 被称为中央三项式数列 $t(n)$,它出现在许多组合问题中。举例来说,$t(n)/3^n$ 是 n 个选民对 3 个候选人的投票,而其中 2 个指定的候选人会得到相同票数的概率。

如果不构建整个三角形,我们如何预测这一序列中的项呢?

即使只是经过简单数学教育熏陶的小学生们,也可以通过逐项比较做出猜测,看看这个数列的递增会有多快。在这个数列中,我们可以看到每一项都略小于前一项的 3 倍,所以我们可以计算 $3t(n)-t(n+1)$ 来观察其差值规律:

$t(n)$	1	1	3		7		19		51		141		393		1107		3139
$3t(n)-t(n+1)$	2	0	2		2		6		12		30		72		182		$\cdots$
			$1\cdot2$		$1\cdot2$		$2\cdot3$		$3\cdot4$		$5\cdot6$		$8\cdot9$		$13\cdot14$		$\cdots$

完全正确!如果暂时忽略这讨厌的前两项,我们可以得到 $2,6,12,30,72,\cdots$ 的数列,这是一组简单的"整"数。每一项都是一对(两个)连续整数的乘积,并且其中每对整数的第一个都符合斐波那契数列。对于斐波那契数列 $F(n)$,后一项是前两项之和。

$$F(n)\quad 1\quad 1\quad 2\quad 3\quad 5\quad 8\quad 13\quad 21\quad 34\quad 55\quad \cdots$$

这个规律看上去非常有说服力,足足延续了 7 项之多。但为了进一步确认,我们可以继续计算下去:

$3t(n)-t(n+1)$	2	2	6	12	30	72	182	464	1206	3170
		$1\cdot2$	$1\cdot2$	$2\cdot3$	$3\cdot4$	$5\cdot6$	$8\cdot9$	$13\cdot14$		?

现在我们看到这个规律的错误之处了,因为 $21\cdot22=462$ 而非 464。类似地 1206 也不等于 $34\cdot35=1190$。

作为一个发现各类规律的天才,欧拉发现了这个规律(和其中的错误之处,并据此写就了一篇小论文:《一例难忘的归纳错误》(*Exemplum memorabile inducionis fallacis*)[Andrews 1990][Villegas 2007:121 and 92 - 112][Euler 1760b]。

下面我们要讲的例子,是一个误导性的几何图形。丹尼尔·舒尔茨(Daniel Schultz)12 岁时对一个普通的三角形进行探索。他把三角形每条边的四分位点都标记了出来:

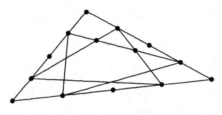

图 12 - 1 舒尔茨的基本图形

把四分位点连接起来可得两个三角形,这两个三角形的重合之处是一个六边形。

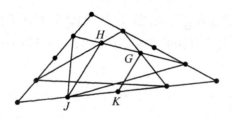

图 12 - 2 舒尔茨图形与两条平行的直线

看上去 *JH* 与 *KG* 显然是平行的。当丹尼尔反复画了多个形状各异的三角形反复验证时,发现这两条线确实看上去总是平行的——不过表象并不等于证明。

丹尼尔特地学习了加权平均,用它来解决这个问题。这样一来,丹尼尔可以用顶点坐标来表示各点的位置。例如,图 12 - 3 中 *J* 点可以表示为所示公式。更值得一提的是,他可以把 *JH* 和 *KG* 表示为向量,来检查两者是否真的平行。

结果表明,*JH* 和 *KG* 并不平行,并且有 $4JH/5 - KG = AB/20$。

由于 *JH*、*KG*、*AB*"所指的方向大体相同",因此用肉眼看它们似乎真

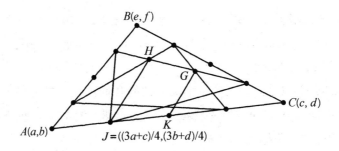

$B(e, f)$

H

G

$C(c, d)$

$A(a, b)$

K

$J = ((3a+c)/4, (3b+d)/4)$

图12-3　加权平均后的舒尔茨图

的平行,而事实上它们始终成一定的角度。只有当三角形逐渐成为钝角三角形时,其不平行的特征才逐渐变得明显。[Wells & Schultz 2008]

通过任何动态几何程序可以很容易观察到这个否定结果。但这又引出了新的疑问:如果丹尼尔一开始就用了计算机,那么他在一开始观察到这种"平行"后,很可能只经过短暂的停顿、怀疑后就通过改变三角形的角度参数验证他的怀疑。这样一来他很快就会意识到这个假设是错误的,并将其抛之脑后。这到底对他是得还是失? 我认为是"失"。丹尼尔所观察到的结果是非常有趣的,值得进一步的计算和研究。然而只有通过精确的、几乎算得上证明的准确计算,他才能真正明白表象后面到底是什么。

证明 vs. 直觉

唯有逻辑才能认可直觉所获得的胜利。

——雅克·阿达玛(Jacques Hadamard)

阿达玛(1865—1963)无疑是一位伟大的数学家,然而并非所有的数学家都会赞同他的这一判断。高斯在一生中曾发表了关于二次互反定理的六种证明,并且去世后人们还在他的论文中发现了第七种证明。然而他已通过实验说服了自己,他的最初的一些证明也无错误之处,所以为什么还要做乘法呢?

证明的作用不仅仅在于从逻辑上验证你所怀疑的、推测的东西确实是那种情况。证明的过程需要想法,想法离不开想象力,想象力又根植于直觉。于是证明就超越了烦琐和循规蹈矩,迫使你更深层次地探索数学世界。你在探索中的发现赋予了证明更大的价值,而非仅仅确认了一个"事实"。

当然,证明必须是可靠的。瑟斯顿(William Thurston)是一位卓越的几何学家,拥有出色的直觉和想象力。他对"好证明"是这样理解的:

> 我想再解释一下,当我说"我证明了这个定理"时我的真正意思是指,我(对这个定理)有着清晰、完整的概念,包括细节,能够经得起我本人和其他人的各种仔细推敲。数学家有很多不同的思考风格。我本人不是那种纵览全局但不拘细节的,我认为那只是灵感的启示:我需要建立清晰的思维模型,把思路理顺……我的证明因此较为可信。我无须为我所证明的东西提供言语或细节上的支撑。我善于在推理中寻找瑕疵,无论这是我自己的,还是别人的。[Thurston 1994]

并非所有的数学家都如同瑟斯顿一样严密。麦克莱恩(Saunders

MacLane)在 1880—1920 年间，在没有经过仔细证明的情况下发表了大量代数几何结果。情况变得很坏，有人因此嘲笑说：意大利代数几何学家的成就在于证明一个定理的同时提供一个反例。这导致意大利的代数几何声名狼藉，直到几位后来的数学家采用了更为严格的证明标准，才洗刷了这一名声。这其中就包括我们之前提到过的诺特（Emmy Noether）。[Hanna 1996：2]

过于"科学化"的方法对于数学家而言同样是有风险的。归纳法既可以指一种可靠的数学证明方法，也可以是数学中科学归纳的应用。正如我们所见，在数学中应用归纳法既普遍也必要，但如果不对我们所归纳的内容进行证明，就会遇到麻烦。拉马努金无疑是位伟大的天才，但偶尔也会陷入这样的困境。哈代也因此批评拉马努金，认为只有完全严格的证明才能满足数论。李特尔伍德这样评论拉马努金：

> 在类比时，他的直觉是奏效的……并且……通过对特定数字的个案进行经验主义的归纳……对于什么是证明的清晰思路……他恐怕一点儿也不具备。如果某处存在意义重大的推理，并且证据和直觉加深了他的确信，他就不再深入地研究了。

这导致拉马努金的研究成果中既包含了正确的结论，也包含了错误的结论。[Littlewood 1963：87 – 8]传统的日式"和算"也表现出同样的缺点。

> 不完美的归纳是"和算"的一个特征……数学仅仅被当作自然科学的一个分支，而非对于思维的展示……在（像这种）情况下根据开头少数例子中某个关系的存在，他们只是习惯于以为这个关系不存在问题……这使得正确的命题和错误的结论交织，即使最为出色的数学家也无从分辨。[Mikami 1961：166，168]

科学实验是数学家们的完美探索工具,但也仅限于此了。数学的灵魂在于通过游戏化的概念、技巧和策略进行证明,这是科学所缺乏的。现代电子计算机是另一个极佳的实验工具,可以帮助实现游戏化的操作,但也应谨慎对待。

第13章　计算机与数学

计算机使我们得以看到全新的、令人难以置信的广袤世界。它极大地拓宽了数学世界的领域，使我们得以探索仅凭人脑无法触及的数学世界。但这并非没有代价，我们通过计算机探索的这些世界，目前还只能凭实验来了解。［Borwein et al 2009］

我们已经看到，计算机解决了九子棋和六边形棋的关键问题。在探索数学游戏的领域，计算机有着举足轻重的作用，例如五格拼板对人脑是极大的挑战，但通过计算机可以进行暴力破解。如今，计算机的这一能力也被用于数列求和；寻找我们怀疑存在某种联系的数字集合间的关系，绘制奇妙的图形——其中最著名的芒德布罗集合，使得数学家能够用眼睛看见他们的研究。计算机不仅可以展示几何图形，通过改变参数展示出图形的变化，还可以用图形的形式展现级数、数列的行为。这个全新的、动态的计算机世界中的观察不仅帮助我们提出猜想、计算数据，也提供证明的思路。

数学史上最伟大的两位奇才欧拉和高斯都是计算领域的神童，并且直到成年以后还保持了极佳的计算能力，这恐怕并非巧合。尤其是高斯，他在数论领域中许多结果依靠产生数据和发现规律。正如他自己所说，他"通过系统性的实验"获得了很多结果［Mackay 1994］。另一次，他补充道:"这个结果我已经计算出来很久了,但我并不知道是怎样得出的。"
[Asimov & Shulman 1988:115]

加拿大西蒙·弗雷泽大学实验与构造数学中心拥有两位著名的实验数学家,贝利(David Bailey)和博尔文(Jonathan Borwein)。"实验数学"这个术语指的是包括使用计算机在内的方法,以期:

1. 得到思路和直觉。

2. 发现新的规律和关系。

3. 通过图形展示发现内在的数学原理。

4. 对猜想进行验证,尤其是证伪。

5. 对可能的结果进行探索性研究,判断是否值得进行正式证明。

6. 为正式证明提出可行方法。

7. 以计算机推导代替冗长的手工推导。

8. 确认以解析形式导出的结果。

[Bailey & Borwein 2000:2-3]

在这个清单的顶端,作者说的是"思路和直觉",没有它们,你可以像高斯一样得到结果,却不知道是怎么得来的。实验对于数学至关重要,可实验却有局限性。

"通过图形展示"同样至关重要:由于计算机可以展示动态的几何图形,它可以作为一个可视化助力帮助数学家——甚至小学生——回到17世纪,那时候的数学家,包括笛卡儿和牛顿,自然而然地认为曲线是由几个运算的组合动态构成的。

一本新杂志《实验数学》(*Experimental Mathematics*)的编辑爱泼斯坦(Epstein)和利维(Levy)[1995:674]解释说:他们认同证明的价值,经过证明的实验结果比仅仅停留在猜想阶段的更有价值;计算机的应用理应推动数学的发展而非破坏其证明。正是如此。他们同样提出:时至今日,并非所有的实验都完全依赖计算机。很多人仍然用纸、笔或通过构建物理模型进行研究。

霍夫施塔德的"好问题"

欢呼吧！喝彩吧！实验数学终于苏醒了！

[Hofstadter 1989]

在 1989 年,我对于"什么是'好问题'？"进行了一个非常小的调查,其中一个回答来自霍夫施塔德(Douglas Hofstadter)——《哥德尔、埃舍尔、巴赫:集异璧之大成》(*Gödel*, *Escher*, *Bach*: *An Eternal Golden Braid*)一书的作者,同时也是计算机科学家和数学家。霍夫施塔德对数学之美和实验的重要性有着深刻见解。这是他的答复:

> 一个好的问题应当是有序与混乱的深层次的微妙组合,也由此激发想象力的火花。也许换一种说法就是:对于'好问题',我们第一眼看到的是混乱无序,但在解决问题的过程中,我们会发现一些奇迹的、完全出乎意料的规律。几何学中,莫利定理就是一个非常好的例子[Hofstadter 1989]。

莫利定理确实是这样,但霍夫施塔德数列也同样完美地契合上述回答。他的著作《哥德尔、埃舍尔、巴赫:集异璧之大成》一书中第 5 章就介绍了这个数列 $Q(n)$。下面列出 $Q(n)$ 的最初几项:

1 1 2 3 3 4 5 5 6 6 6 8 8 8 10 9 10 11
11 12 12 12 12 16 14 14 16 16 16 16 20 …

与斐波那契数列相似,这里的每一项都由前几项所决定。

$Q(1) = Q(2) = 1$,而当 $n > 2$ 时,有:

$$Q(n) = Q(n - Q(n-1)) + Q(n - Q(n-2))。$$

看上去很复杂,事实也是如此:在斐波那契数列中,每一项是前两项之和,但在霍夫施塔德数列中紧接着的前两项只是告诉你,需要向后看多少项,才能找到需要相加的项。

这个例子非常适合使用计算机进行科学探索。霍夫施塔德数列定义非常复杂,数列看上去非常不规则,这就意味着要想通过实验计算得出大量的数值并从中寻找规律,以供猜想、归纳、类比是极为困难的。

事实证明,尽管霍夫施塔德数列存在很多"混沌"行为,却真的存在一些规律性的痕迹。这一数列的前2000个Q数在直线$n/2$上下"振幅和长度突增地"散点状分布,宾(Klaus Pinn)把每次突增前的那一段称之为"世代"。k世代很大程度上是由$k-1$世代继承而来,但也有部分来自$k-2$世代。最初当$n=3,6,12,24,48,96,\cdots$的时候,都出现了这种"突增"现象,每次都是成倍增加,这也令人回忆起霍夫施塔德数列的"混沌"行为[Pinn 1998][MathWorld:Hofstadter's Q-sequence]。

霍夫施塔德自然而然地使用计算机探索这一数列,就像物理学家、化学家经常通过实验"一探究竟"一样。

计算机与数学证明

计算机已被用于辅助证明复杂定理,但早期的案例却并不尽如人意。四色定理最早提出于 1852 年,定理指出:任何平面地图最多只需要 4 种颜色即可保证任意相邻两个区域颜色不重复。

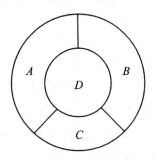

图 13-1 圆度盘的四色定理

图 13-1 证明了,如果 4 个区域都有共同的边界,那么确实需要 4 种颜色,并且强烈暗示我们:如果地图形状更为复杂(如图 13-2),那么就需要更多的颜色。并不是如此! 4 种颜色总是足够满足要求。看上去,增加区域的数量并不增加为地图上色的难度。

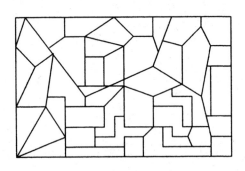

图 13-2 更为复杂的地图

在 1976 年,四色定理终于被"证明"了。阿佩尔(Appel)和哈肯(Haken)通过计算机验证了 10 000 个区域以下的所有情况。很多数学家对此毫不感冒,认为即使计算机程序毫无差错,这一证明过程本身也毫无亮点。事实上,他们都赞同外尔的话:计算机是盲目的,在大多数数学家都已经确信 4 是正确答案的前提下,计算机并不能为解决问题提供更深入的见解。最近,四色定理有了另一个证明,但存在相同的问题——它是通过计算机求得的。

计算机与"证明"

不可避免，一部分数学家通过计算机的力量得到极端的结论。蔡多郎(Doron Zeilberger)是一位杰出的实验主义者，他提出了一个著名的猜想：

> "我们精确地知道哥德巴赫猜想是正确的，准确性超过0.999 99，但要想证明其完全正确，或许要花费100亿费用才可能。"[Borwein et al 2009：11][Zeilberger 1993：980]

蔡多郎同样写道："定理是有代价的：未来属于半—严格数学文化。""代价"和"花费"概念的引入立刻成了一股风潮，被广泛应用于商业和学术中：对产出和效率的关注。这里还有一个蔡多郎更为"出格"的论调：

> "想要获得完全的'确定'是浪费金钱，除非这个问题隐含着黎曼猜想。"[Zeilberger 1993]

如果需要花上一千万美元(才能完全证明)，那么也许这就是在浪费金钱。但是，对大多数数学家而言，数学仍与金钱无关，是对于洞察、理解的追求。不过我们可以保险地总结说，在计算机的辅助之下，我们所能够取得的不可思议的成就已经改变了我们对于数学的理解和认识，尽管这一点仍存在些许争议。

与此同时，计算机是由形式化的思维所创造的，通过减少逻辑和结构中的非形式性来提升。现在的计算机已经强大到可以处理高度可视化、实验性的数学，以至于完全非形式化似乎不利于数学进程，威胁其严谨性和长期成功。西尔维斯特大约会很高兴吧。

一些爱好者(或者可以说是极端者)认为——未来数学将成为一门像物理学一样的实验科学。我为这个论点感到震惊。不过我很乐于看到这样一个世界——数学的三个方面：游戏化、科学性和感知性，共生共长；可想象到的每一类数学家们都可以找到自己探索和挖掘的领域；而数学游戏之花将以从未有过的姿态盛开。

结语:公式复公式

李特尔伍德在评论印度天才数学家拉马努金的论文集时曾经引用了他的两个不寻常的公式(本书在第 19 章《感知中的美和个体差异》一节中展示了其中一个),并且评论道:

> 然而,对于公式而言,最伟大的时代或许已经过去了。如果我们再次站在制高点上,也许再没有人能够发现彻底不同的新类型……[Littlewood 1986:95]

我想这取决于你对"制高点"和"彻底不同的新"的定义。下面这个例子或许可以作为利特尔伍德悲观论调的众多可能的反例之一,它是由实验数学家和计算机共同创造的:

$$\sum_{10}^{\infty} \frac{1}{160}\left(\frac{4}{8i+1} - \frac{2}{8i+4} - \frac{1}{8i+5} - \frac{1}{8i-6}\right)。$$

这个结果现在也称 BBP 或贝利 - 博尔文 - 普劳夫公式。这一公式性质特殊,仅需占用计算机极少内存和相对较少的计算,你就可以计算出 π 的二进制展开式后几位数字,而无须先计算其前面所有数字。所以我们现在已经知道,π 的第 4000 亿位二进制数字是 0。

值得一提的是,这个公式的发现并非来自逻辑缜密的推理,而是先由敏锐的观察和强大的类比、计算机编程类型搜索 π 的特定形式的公式后得出的。在《实验数学:21 世纪中貌似合理的推理》(*Experimental Mathematics: Plausible Reasoning in the 21st Century*)一书中,波尔文(Jonathan Borwein)和贝利(David Bailey)详细记录了这一公式的发现过程。

关于拉马努金的论文,李特尔伍德还写道:

> 我们一直没有充分预想到的,似乎是它的精神力量;读者……所经历的惊喜将是震撼的、永恒的。[Littlewood 1986:96]

这个感叹,适用于这个 π 的计算公式,以及实验数学这一全新领域发现的许多其他结果。

第14章 数学与科学

一旦数学法则应用于现实生活中时，它就不再是确定的；只要它们还是确定的，它们便不适用于现实。

[Einstein 1921]

科学家的抽象

当伽利略做那个著名的实验：将小弹珠放在直槽内并计算往下滚动时间的时候，他抽去了小弹珠对于直槽的摩擦力和不可避免的时间测量误差。当他论证炮弹轨迹可被分解为水平方向的匀速运动和垂直方向的加速运动时，他忽略了空气阻力。空气阻力对于直槽内滚动的小弹珠或许微不足道，却可以在很大程度上使得炮弹轨迹偏离完美的抛物线曲线。

伽利略的实验是物理的、具体的，但他的研究结论——他认为是上帝钦定的自然法则，则是数学的、精确的。他的结果符合爱因斯坦的名言。我们可以自信地分析抽象模型，做出预测，但所做出的判断往往并不与现实完全一致。柏拉图(Plato)曾经打了个比方，他把数学应用于现实比作"试穿凉鞋"。这个比喻很恰当：凉鞋当然应当尽可能合脚(不然脚会疼)，但不可本末倒置，削足适履。[Young 1928：204]

数学先于科学与技术

在古希腊时代对圆锥进行切割并研究圆锥曲线无疑是一件新奇的事情。受到材料的限制,制作圆锥模型就已经很不容易了,为什么还要去切割它们呢? 我们没有答案——也许是有人进行了不对称的斜切,却发现切面是对称的,不由自主地被进一步研究。不过不管怎样,结果是美好又惊人的。当然,研究的过程是很困难的,不单单是因为必须在三维中思考问题。图 14-1(作了少许简化)摘自"伟大的几何学家"阿波罗尼奥斯(Apollonius of Perga,公元前 262—公元前 190)的《圆锥曲线论》(*Conics*)第一册第 11 个命题。

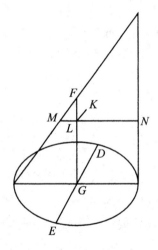

图 14-1 阿波罗尼奥斯的图形

图中表示的是一个圆锥体和经过 *E*、*F*、*K*、*D* 四个点的切面;同时这个切面与经过 *N* 点的棱平行。这就形成了抛物线。*FG* 是抛物线的轴,*L* 点位于轴上,且为经过点 *L* 和点 *K* 的弦的中点。*MN* 既是 *LK* 的垂线,也是 *FG* 的垂线,与圆锥分别交于 *M*、*N* 两点。

在阿波罗尼奥斯的著作中,这个图还远不是最复杂的。阿波罗尼奥斯在论证平面圆锥曲线时常会回到其圆锥体切面的定义,并在三维中加以论证。这样的论证结果是出色的纯数学的。

在这张图中,阿波罗尼奥斯证明 $KL^2 = ML \cdot LN$。这个结论固然很简洁,可是这种性质和科学有何关系?在很多个世纪以后,开普勒(Kepler,1571—1630)试图用布拉赫(Tycho Brahe)收集到的大量数据来计算行星的轨道(根据哥白尼学说,它们应绕太阳运动)。阿波罗尼奥斯的著作于1536 年被翻译成拉丁语,因此开普勒得以了解圆锥曲线。通过分析布拉赫的数据,开普勒得到了行星轨道是个椭圆的结论,并提出了他的三大运动定律。牛顿的好友哈雷(Edmund Halley)在 1710 年也曾出版过阿波罗尼奥斯著作。因此牛顿也学习了这一著作,并在其《数学原理》(*Principia Mathematica*)中运用了圆锥曲线的几何学。

如果古希腊学者没有注意到圆锥切面,那么开普勒也许会仅仅把行星轨道当成一个压扁的圆——那样一来,现代天文学就会被困在它的发射台上。

数学在科学中的成功应用

> 对于我们这些更聪慧或更胆怯的人而言,让我们把这些计算和含糊的假设当作大自然赐予我们的智力游戏就好——而大自然本身并非完全遵守这样的游戏规则。
>
> 达朗贝尔(Jean d'Alembert)
>
> [1963:24-5] [Wells 2003:102]

由物理学和天文学开启的现代硬科学长期以来具有高度的数学性,这就提示我们世界的本质也是数学的。正如柏拉图所说:"上帝也曾研究几何学。"然而为何数学在科学中的应用是成功的,而在软科学中的应用则相对较弱? 爱因斯坦在 1921 年曾经说过:

> 此时此刻,一个自古以来困扰先贤智者们的谜团又一次自然而然地浮现出来。数学这一人类思考的产物,独立于经验的产物,为何它如此契合现实事物? 那么,是否不依赖于经验,只是通过思考,人类就可以看穿真实世界的性质呢? [Einstein 1921]

数学在科学中的成功反映在物质世界中的类比是我们从未料想过的,例如:椭圆是圆锥或圆柱的切面,同时又非常近似于行星运动的轨迹。这样的类比在使用数学分析前,就已经存在于物质世界中。如果行星运动的轨迹观测起来更容易些的话,在认识到圆锥曲线的数学性之前,人类也可能在更远古的时期就会发现圆柱切面与行星轨迹的形状相似。为何会存在这样的物理相似性? 为何它们又如此准确?

在自然科学诞生之前,人们并不知道数学除了计数和算术之外还有什么用处。当然,贸易中是要用到算术的,这也是算术诞生的原因。但是为何自然数在生活各个非常不同领域都适用?

毕达哥拉斯是其中的典范。他发现当琴弦长度成一定比例时，可以演奏出和谐的音符。这看上去既神秘也显然没有意义：你无须懂数学也可以演奏乐器，而且大多数音乐家都不是数学家。诺贝尔奖得主、物理学家魏格纳（Eugene Wigner）曾经编纂了一些"数学在自然科学中不可思议的应用"。他说：

> "数学在物理学中的用处超出了可解释范围，没有合理解释可以说得通。"［Wigner 1960］

他总结说：

> "数学的语言可以奇迹般恰如其分地应用于物理学定律的表述，对于这一自然的馈赠，也许我们既不能理解也不配获得。我们应当心怀感激，祈祷这一规律同样适用于未来的研究，拓宽我们的所知——无论这是好是坏，给我们带来欢乐还是困惑。"

统计学家可能会回答你，你可以轻易地将任何数据集拟合任意多条不同的曲线。事实上，你确实可以，但它们通常是复杂且不美观的。反之，椭圆既简洁又优雅。为何硬科学中所用到的数学如此惊人的简单？这就成了一个未解之谜。

科学家如何应用数学？

很大程度上,物理学家和其他科学家探索自然界与数学家发明(或发现?)新的数学对象与概念是一样的。可能需要很长的过程,数学家的不成熟的设想才会在脑海中逐渐变得精确,才能用准确的语言加以表述。

因此,数学家在给出"无穷级数求和"的清晰定义的很久以前,就已经知道许多无穷级数的和。更为奇怪的是,正如我们曾看到的,欧拉等人对显然不存在和的发散级数也进行了探索。

亥维赛(Oliver Heavyside)是电气理论的伟大先驱,同时也是一位不顾一切大胆创新的数学家,与很多小心谨慎的数学家不同。发散级数只是他取得伟大成就的一个新奇手段。纯数学家甚至其他物理学家对此褒贬不一。皮亚吉奥(H. T. H. Piaggio),一本关于微分方程的通俗教科书作者,这样评价:

> 亥维赛所使用的方法看似是对数学的亵渎,是违背良心的做法,然而他所求得的结果总是正确的! 如果一棵树上总是结满了美味的果实,那这棵树还能是腐烂的吗? [Piaggio 1943]

另一方面,亥维赛的一篇论文被《英国皇家学会会刊》(*Proceedings of the Royal Society*)拒收了。一般而言,会员只需提交论文,会刊就一定会发表,所以这一事件可以说是闻所未闻的侮辱,仅仅因为亥维赛过于自由地使用了发散级数。[Nahin 2002:222-3]

亥维赛宣称:"严格的数学是狭隘的,物理数学才是大胆创新、前景广阔的。"并且说:

> 在解答物理学问题的过程中,首先要做的,就是没有虚伪的严谨形式主义。凭借物理学和数学(几何或分析)的理念坚定的结合,物理学本身会指引物理学家得出有用且重要的结果。通过将问题化为纯数学作业来消除物理学的做法应当尽可能地

避免。物理学应当贯穿始终,还原问题的活力和本真,并得到物理学所给予数学的莫大帮助。[Nahin 2002:217, 219]

这个有力的声明,或许可以解释为何亥维赛使用的方法饱受"质疑",其结果却往往是正确的——在他强大直觉的指引下,他总是专注地一往无前——而这也是为什么很多纯粹数学家没有应用数学的才能,反之亦然。亥维赛所展示的思维方式,毫无疑问会为阿提亚所喜,但或许麦克莱恩不会。

纯数学与应用数学中的方法和技巧

十进制的阿拉伯计数法,本身很适合简单的求和,或者说可使我们易于进行加减乘除四则运算——甚至,即使是维多利亚时期的学生,也会求平方根、立方根的运算。由于加法计算十分简便,因此一些 17 世纪的数学家认为可以实现加法的自动化计算。在 1623 年,一位如今几乎已被遗忘的数学家希卡德(Wilhelm Schickard)最先自制了一款"计算钟";随后帕斯卡制作了加法机器;再后来,莱布尼茨制造出了能进行四则运算的"计算器"。受此启发,莱布尼茨认为:

> 一旦机器得以应用,最卓越的人们就不必像奴隶一样花费数个小时苦苦计算,而是可以将之安全地委托给任何人。
> [Leibniz 1685]

如今,我们虽然已经有电子计算器可以进行一系列的"初级"运算,但应用数学家们仍然需要解决问题的方法和技巧,这些问题四则运算无法解决,但也不需要很多想象力和原创性。

这使得数学方法得以发挥它的作用。当我还是本科生的时候,我们有一本大部头的教科书,叫作《数学物理方法》(*Methods of Mathematical Physics*)。这本书的作者哈罗德·杰弗里斯(Harold Jeffreys)和贝沙·杰弗里斯(Bertha S. Jeffreys)是两位了不起的数学家。如今,这类书籍多如牛毛,例如《理科学生的数学方法》(*Mathematical Methods for Science Students*)[Stephenson 1961]一书中仅关于无穷级数和微积分就有 21 章;关于实数、不等式、行列式、矩阵、群和向量有 6 章。这些章节所阐述的都是确凿无疑的数学内容,所有不确定、模棱两可的部分都被去掉了,以便理科学生或其他任何人可以将其作为工具使用。

在这些章节中,你看不到微妙的证明和条件,看不到数学家试图更好地理解傅里叶级数或椭圆积分这些奇怪的对象,用清晰和简洁替换复杂性,看不到发表的数十、甚至数百篇关于奇妙而怪异对象的论文。每个主题都或多或少地被简化为一个游戏——规则是清晰的,可行走法是明白的,而工具的使用者至少保证能得到"正确答案"。

好在,限定条件"或多或少"仍然是有必要的。寻找一个标准方法不可行的奇怪函数的拉普拉斯变换并非不允许——但对于理科学生一般会遇到的函数,这些方法确实绝对有效。

减少常规方法富有洞察力和想象力的复杂性过程需要很多年,如我们从求曲线(如摆线)下面积的问题中看到的。

积分:求曲线下面积

计算一条简单曲线下的面积的最简单方法是怎样的？例如，根据基本原理求简单曲线 $y = x^3$ 在 0 到 10 区间下的面积？

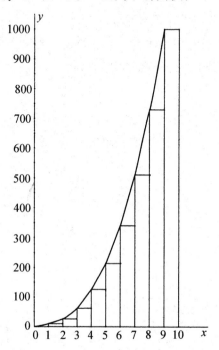

图 14-2　将 $y = x^3$ 等分成竖条(低估)

卡瓦列里(Cavalieri, 1598—1647)在其《不可分连续量的几何学》(*Geometria Indivisibilibus*)一书中和沃利斯(Wallis, 1616—1703)使用的最简单又最明显的第一步，是将 x 轴上 0 到 10 的区间分为若干等分，产生一系列竖条(如图 14-2)后，将这些竖条的总面积进行求和。

当区间 10 等分时，曲线下这些条带的总面积为：

$$A = 0 + 1^3 + 2^3 + 3^3 + 4^3 + 5^3 + 6^3 + 7^3 + 8^3 + 9^3$$

这些相继的立方数的求和并不难，不管是手算、用计算器算还是用我们之前提到过的公式：

$$1^3 + 2^3 + 3^3 + 4^3 + \cdots + n^3 = \left[\frac{1}{2} n(n+1) \right]^2$$

无论哪种求和方法,所得结果均为:$A = 2025$。然而这个数字显然小于曲线下的面积。因此另一种聪明的技巧就是如图 14 - 3 所示重复求和,这一求和结果将大于曲线下的面积:

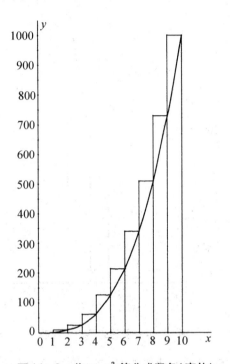

图 14 - 3 将 $y = x^3$ 等分成竖条(高估)

$$A^* = 1^3 + 2^3 + 3^3 + 4^3 + 5^3 + 6^3 + 7^3 + 8^3 + 9^3 + 10^3$$

$A^* = 3025$,因此我们可以认为 A 与 A^* 的平均数 $\frac{1}{2}(A + A^*)$ 是更好的近似值。事实上,这 A 与 A^* 的平均数为 2525,而通过初等微积分得到的实际面积为 $10000/4 = 2500$。这个误差小于 1%,对于这样一个基本又不复杂的做法而言,已经很不错了。如果把区间切分为更多条,还能进一步减小这一误差。

从另一方面讲,对立方求和并不容易。如果我们将同样做法应用到 $y = x^4$ 或 $y = x^5$ 中,那么随着指数的增加,就需要对连续整数的前 n 个幂求和的新公式。这虽然是一个能通用的办法,却并不是简单的通用办法。

对此,费马有了更简单、更聪明的做法。

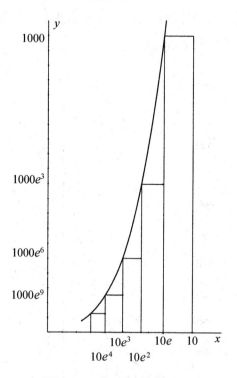

图 14-4　费马的不均匀条带

使用他的方法,你将 x 轴 0 到 10 的区间分成不相等的部分 $10,10e$,$10e^2,10e^3,10e^4,10e^5$,等等。而选择的 e 小于 1。乍一看,这比第一种方法复杂得多,但那不过是错觉。费马就如同一个优秀的国际象棋棋手一样有着卓越的远见,看见了这样做会使得后面的计算极为简单。由后往前,这些条带的面积求和可以表示为:

$$A = 10^3(10 - 10e) + (10e)^3(10e - 10e^2) + (10e^2)^3(10e^2 - 10e^3) + \cdots$$

好消息,这是一个无穷级数求和。无穷级数求和要比求其部分和来得容易。这个例子中,和等于:

$$A = 10^4(1 - e)(1 + e^4 + e^8 + e^{12} + e^{16} + \cdots)$$

对这个简单的几何级数求和要比对连续的立方数求和容易得多,即:

$$A = 10^4(1 - e)/(1 - e^4) = 10^4/(1 + e + e^2 + e^3)$$

为了使近似和尽可能精确,我们使 e 趋向于 1,于是所求面积趋向于如前所述的 $10^4/4$ [Boyer 1945]。不过,与最初的方法不同的是,费马的这一做法可以适用于 x 的任一整数幂。

摆线

当一个圆沿直线滚动时,圆周上的一个点的移动轨迹就被称为摆线。图 14-5 中的圆从左向右滚动,初始时圆上有垂直的直径 PT;当滚动 $180°$ 后直径变为 TP;滚动 $360°$ 后又再次变为 PT。与此同时点 P 的轨迹就是一个完整的摆线的弧 PPP。

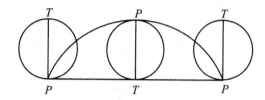

图 14-5　基本摆线图

摆线有很多优美的特性,在 17 世纪造成了很多激烈的争议,以至被比作"几何学中的海伦"。摆线的一个特性是它是曲线中的最速降线:一个小球在重力的作用下从位于高处的 A 点下降到低处的 B 点的最快路径是摆线的一部分。而且它也是一条等时曲线:无论把小球放置在摆线形状的底盆上的哪一点,小球的振荡周期都相等。

伽利略在 1599 年正式命名了摆线。此外,他还试图在铁片上切割出摆线的形状并通过对铁片的称重计算其面积。称重结果显示摆线面积应为 $3\pi r^2$,不过伽利略本人这一结果并没有取信。

随后,托里拆利(Torricelli,1608—1647)——气压计的发明者,还有费马和笛卡儿等人,都发现了摆线面积的确为 $3\pi r^2$。下面这个简单证明方法是罗贝瓦勒(Roberval,1602—1675)和帕斯卡证明的结合。

图 14-6 表示,当最左边的圆沿 PU 滚动到切点 Q 时(此时 PQ 恰为 PU 的四分之一),圆上 P 点移动到 P' 位置。而如果最左边的圆仅仅是绕着圆心转动而非沿直线滚动,那么 P 应转动到 R 的位置;而事实上这个圆沿直线滚动到 Q 的位置。于是我们可以由 $RP' = PQ$ 构建点 P'。同时需要注意到的是,弧 RP = 弧 $P'Q$ = 弧 VU。

接下来,圆继续沿 PU 滚动到切点 U 时,我们可以见到 $P'V = QU$

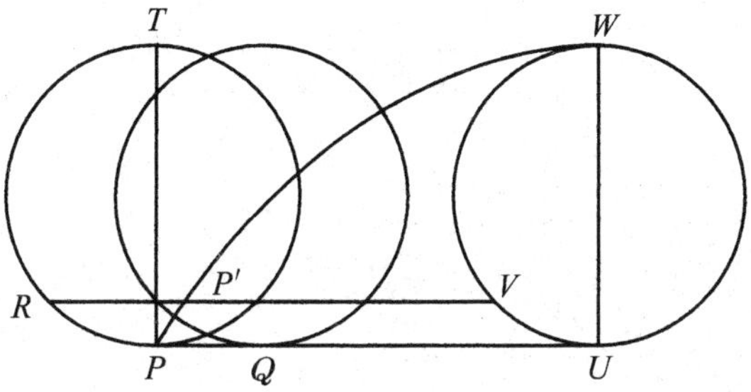

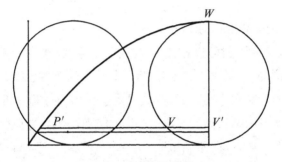

图 14-6　摆线与三个圆

= VW。

　　现在,我们把半个摆线的面积沿水平方向分成宽度相等的若干份。

图 14-7　摆线分割

　　将所有类似 $P'VV'$ 的条带相加,即为整个摆线面积的一半:

$$条带\ P'VV' = 条带\ P'V + 条带\ VV'$$

　　所有条带 VV' 的极限和等于圆面积的二分之一,或 $\frac{1}{2}\pi r^2$。但所有条带 $P'V$ 的和的极限是多少? 为此我们在 y 轴上画出弧 VW 长度,从 $s = 0, y = 2r$ 开始;移动到 $s = \pi r, y = 0$。

　　我们不知道也不需要知道 s 关于 y 的函数是什么。罗贝瓦勒在证明中只是称其对应的曲线为"摆线的伴随曲线"。事实上,这个曲线就如看上去那样,是一条正弦曲线。对于我们而言,重要的是注意到,半圆是关于 $y = r$ 轴对称的;而 s 的增长速率也是关于 $y = r$ 中心对称的,所以曲线有其对称中心 C。在 C 点,当 y 与 s 稍作增加时,造成的梯度为 $\tan 45°$。

　　我们总结曲线下的面积是第二个和的极值,是长方形面积的 $\frac{1}{2}$,是

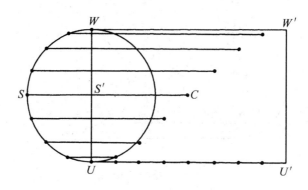

图 14-8　y-s 图上的摆线

$\dfrac{1}{2} \times 2r \times \pi r = \pi r^2$。再加上半个圆的面积,于是可知半个摆线面积为

$3\pi r^2/2$,而整个摆线面积为 $3\pi r^2$。

　　这一动态思维过程,即假想小球沿直线滚动,将半个圆的圆周"展开",形成矩形的一条边,是许多 17 世纪数学家的典型思维方式。由于当时没有已知的计算面积的一般方法,因此这个思维过程非常有创造性和想象力——就像国际象棋所展现的一样。将面积切分为平行的条带并进行求和是一个一般方法,但是在每个单独问题上的应用却非常不同。

　　尽管笛卡儿(和费马)当时已经发明了坐标几何,尽管阿波罗尼奥斯也早已证明抛物线公式为 $ay = x^2$,但数学家们仍然倾向于认为曲线是运动创造的动态轨迹而不是由方程式静态定义的。[Boyer 1956:134-5]

　　正巧,摆线公式也不能用 $y = f(x)$ 来简单定义,只能用参数方程:$x = r(t - \sin(t))$ 和 $y = r(1 - \cos(t))$ 来表示。现在,摆线面积可以通过基础微积分进行计算——不算特别简单可也不复杂,不需要任何想象力或洞察力,完全是按部就班地、运用广为人知的并已被完全理解的技巧进行计算。

　　如今,摆线上任意一点的切线也可以纯技术地计算得出。不过,笛卡儿当年曾以动态的方法毫不困难地发现并论证了这一切线公式。这一论证简洁优美,至今仍为人们所称颂。

　　和刚才一样,图 14-9 中画出了半个摆线。P' 是摆线上的一点。第一个问题,是找出当圆 PT 沿直线 PU 滚动,P 点移动到 P' 时,圆 PT 所对

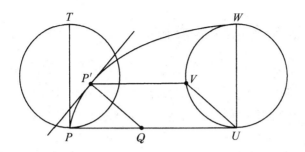

图 14-9　笛卡儿:摆线的切线

应的位置。为了解答这个问题,笛卡儿经 P' 画出 PU 的平行线 $P'V$;随后他在直线 PU 上取一点 Q,使 $QU = P'V$。根据前述摆线性质,Q 点即为该时刻下圆 PT 与 PU 的切点,即此刻线段 QP' 的旋转瞬心。我们可以立刻判断 QP' 与图中所示切线垂直。

在笛卡儿时代,瞬心的概念尚未被发明(或者说发现),但笛卡儿通过对多边形更复杂的论证也得到了同样的结论。最后,他总结道:"如果多边形有一千亿条边,结论也是成立的。因此这个结论也适用于圆。"在这一点上,笛卡儿是对的。不仅如此,他还说道:

> "我可以用另一种方式来证明这条切线。在我看来,这会更优美,也更'几何',但我懒得写,因此就略过吧……"[Descartes 1996,2:309, in Jesseph 2007:423]

这个笛卡儿从未展示过的,在他看来"更几何"的证明没有涉及运动或机械的概念。在笛卡儿看来,摆线等"机械曲线"应当从"真正的几何学"中除名。与此相反,帕斯卡则非常欢迎这类曲线留在几何学中。幸运的是,笛卡儿并没有因为他的偏见而妨碍对于摆线的好奇心[Jesseph 2007:423]。

科学激励着数学的发展

不管怎么解释——如果存在这样的解释的话，数学在（硬）科学中的成功对两者都是互惠互利。有了数学的帮助，自然科学家们得以创建高深、强大的理论；而在科学问题的启发（或逼迫）下，数学家们又得以发展出更深的数学理论。

例如，微积分原本只是用于更有效地计算曲线下的面积和切线的斜率，但随后它几乎立刻被用于解决新的难题，如流动的液体中什么形状的固体受到的阻力最小、光在不同介质中的传播路径［见第 15 章］，当然，这其中还包括了牛顿的令人赞叹的万有引力定律。这种共生关系一直持续到了今天。

反过来，如果没有科学，数学的命运也将变得暗淡。传统日本数学（和算）就是这样一个例子。在封建时代早期，日本数学是实用性的；但到了江户时期（1603—1867）以后，日本数学失去了实用特性，成了和俳句、茶道一样脱离了日常生活的艺术形式，变成武士、商人和富农阶层的一种嗜好。

最为伟大的日本和算大师，当属关孝和（Seki Kowa, 1642—1708）。关孝和是一位天才，其成就包括远早于霍纳发现求解数值系数代数方程的霍纳方法；方程判别式的概念；比莱布尼茨早十年发展了中国的行列式思想；发现伯努利数；发现帕普斯-古尔丁定理；使用负数和虚根。关孝和或他的门生在对圆弧的研究过程中还发明了日式和算微积分，并广泛应用到曲线、曲面上。然而，正是在这里显现出了日式和算与西方数学的差异：

> 为了解决关于弧度的问题——天文学中的一个重要课题，产生了日式和算微积分，其结果与西方的微积分不谋而合。……然而接下来的发展却与西方数学大相径庭。西方数学中的微积分从动力学的问题开始……而和算中问题可能的展开却有较多限制。最终日本科学传统中运动学与动力学问题的缺失阻碍并延

缓了和算进一步趋近于解析法,而这在与西方传统竞争中被证明是决定性的。[Nayakama 1975:752,750]

日本的和算数学家有着自己的美学标准:

一个问题的数学特征越纯粹,与实用性的分离越彻底,那么这个问题就越受到日本和算数学家的欢迎。[Nakayama 1975:749]

在相关著述中,和算被描写为:"受到禅宗佛法影响,与插花、茶道、礼仪一样具有强烈的美学特质。"[Ravina 1993:206]作为硬币的另一面,和算数学家们非常轻视科学:

和算的衰败在很大程度上源于其与自然科学的背道而驰……(和算数学家)认为自然界不适合作为数学研究的对象。数学没有促进人们对物质世界新理论的发展,没有促进力学定律的提出,没有对神学理论形成挑战,也没有推动机器的制造。德川幕府时期,诸如天文学和测量学等邻近领域的科学家普遍认为和算是有趣但本质上无用的。[Ravina 1993:205]

这就导致了和算的不进反退:

随着时间的流逝,这些问题变得越来越错综复杂、越来越多面……既有对通过某些超乎寻常的方法来解决问题的强调,又有在提出尚无满意解的问题的重视。[Nakayama 1975:750]

冯·诺依曼同样认为如果我们的数学脱离实际应用太远,也会不进反退:

如果数学学科的发展远离了实证源头……如果数学只是间接地受到'实践'的启发……那么它就越来越接近于审美意义上的学科，越来越'为艺术而艺术'……这很危险，这种趋势会将数学学科分割为一大批无足轻重的分支，数学学科会变成大量无序的繁杂和琐碎。"〔Neumann 1947〕〔Newman 1956 v. 4：2063〕

对"应用"的解释争而未决。数学的应用并非只局限于科学中，也可以是应用到数学的其他分支。几百年历史已经过去，费马最后定理的创造性仍没有褪色；同样，费马对于光学的贡献也沿袭至今，我们将很快看到。在数学的诸多小世界中，跨界是很常见的，也有幸如此。因为这使得数学家们不得不面对新的挑战，防止陶醉在美学的象牙塔中导致数学的倒退。

第15章 最短路径:优美的简洁性

似曾相识的智力题

"玛丽站在 S 点,她想要去河边喝水后回到 T 点。她应当走到河岸边的哪一点才能保证走的路线最短呢?"

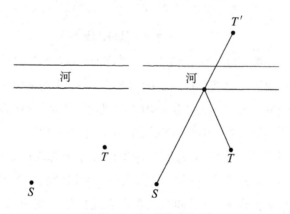

图 15-1 河边喝水问题

这道著名的智力题的答案出乎意料的简洁:在河岸另一边画出 T 点的对称点 T',然后连接 ST'。玛丽应当沿着 ST' 抵达河岸后折返到 T 点。

赫伦(Heron of Alexandria,约公元 75)在他的《光线反射论》(*Catoptrica*)一书中就回答了一个实质一样,但表述更为严谨的问题。他的问题是光线在镜面反射后的传播路径,答案是:光线沿最短路径传播,此时入射角和反射角相等。

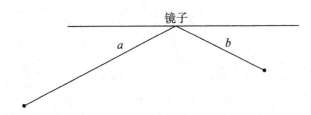

图15-2 "河边喝水"问题的变型,镜子取代了小河

光的反射问题可以通过反射加以解决,真是太妙了。

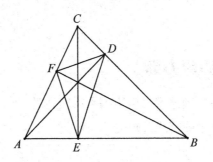

图15-3 三角形中最短路线证明

还有一个相关问题,即:在给定的三角形的三条边上取点,找到一个周长最短的三角形。根据赫伦的证明,*FE*、*ED* 与 *AB* 的夹角必须相等,否则只需稍微调整点 *E* 即可使 *FE* + *ED* 长度缩短。同样,*FD*、*DE* 与 *BC* 形成的夹角必须相等;*EF*、*FD* 与 *AC* 形成的夹角也必须相等。这样一来,答案就不言自明了:这个周长最短的三角形恰好等于光线在这样一个三角形镜子中循环反射的路径。那么这样的三角形存在吗?(答案是肯定的,当且仅当三角形为锐角三角形时,三个垂点连接所形成的三角形即为所求的周长最短的三角形。)

还有一些智力题也可以用反射的方法解决。下面是一道非常常见的小学生智力题。图15-4所示是一张桌球桌,一个桌球从左下角以45°角射出,在桌子内沿多次反弹后的终点会是哪儿?需要多久才能抵达这一终点呢?

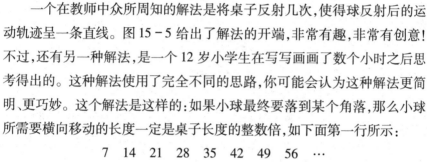

图 15－4　桌球问题

一个在教师中众所周知的解法是将桌子反射几次,使得球反射后的运动轨迹呈一条直线。图 15－5 给出了解法的开端,非常有趣,非常有创意! 不过,还有另一种解法,是一个 12 岁小学生在写写画画了数个小时之后思考得出的。这种解法使用了完全不同的思路,你可能会认为这种解法更简明、更巧妙。这个解法是这样的:如果小球最终要落到某个角落,那么小球所需要横向移动的长度一定是桌子长度的整数倍,如下面第一行所示:

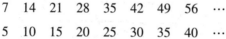

$$7 \quad 14 \quad 21 \quad 28 \quad 35 \quad 42 \quad 49 \quad 56 \quad \cdots$$
$$5 \quad 10 \quad 15 \quad 20 \quad 25 \quad 30 \quad 35 \quad 40 \quad \cdots$$

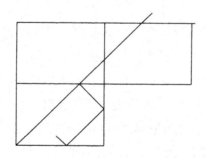

图 15－5　桌球问题——反射解法

同时,小球所需要纵向移动的宽度一定是桌子宽度的整数倍,如上面第二行所示。那么,只需要找到这两行中公共的数字,35 就是答案。

这个解法固然令人印象深刻,不过我们还可以更进一步。小球滚动的距离是桌子长度的 5 倍,因此终点位于桌子右侧;小球滚动的距离是桌子宽度的 7 倍,因此终点位于桌子上侧。综合可知,小球滚动的终点是右上角。

在这里，我们没有提到 35 是 5 和 7 的最小公倍数这个概念，因为发现这个方法的小朋友太小了，还不知道这个名词。不过我们可以说，在发现这个解法的时候，他已经快要引出这一概念了。

看上去，桌球游戏虽然好玩却与数学无甚关联。事实绝非如此，如果我们把这个问题推广到其他形状的桌子中，会得到非常有趣的结果。例如，在图 15-6 的圆形桌子中，小球滚过的路径最终会覆盖整个环面，并且永远也不会进入中心圆（更准确地说，小球的路径最终会在环状区域内任何一点任意近处经过）。

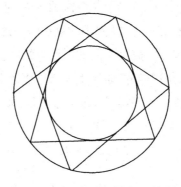

图 15-6 两个圆之间的桌球问题

在圆形桌球台中，小球的滚动轨迹非常有规律。相比之下，在由两个半圆和直线连接而成的、体育场形状的桌球台中，小球的滚动轨迹就要不规律得多。俄国数学家布尼莫维奇（Bunimovich）研究后认为，体育场形状的桌球台中，小球的滚动路径是混沌的。这类模型在力学中常用。

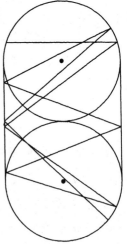

图 15-7 体育场形状中的桌球问题

赫伦定理的发展

回到河边取水以及光线反射问题。光线反射问题可以说是最早的科学问题之一。赫伦得出的"光线沿最短路径传播"的结论很好地印证了亚里士多德的名言："大自然从不做无用功。"[Aristotle *De Anima* Ⅲ:12]这个观点在早期自然科学家中受到广泛认同,牛顿就曾经这样写道:

> 出于这个目的,哲学家们说,大自然不做无用功,当少就有效时,多就是无用。自然喜欢简洁,不爱浮夸的多余的原因。[Newton 1687:Preface]

赫伦的这一结论,成功地把牛顿这一非常吸引人但坦率的形而上学的格言与数学和物理学联系在了一起。然而,赫伦提到的最短路线被证明是错误的。很多人都会注意到,当筷子等物体插入水中的时候看上去好像"弯曲"了。

古希腊人显然也注意到了这一点,但在开普勒之前,并没有谁去试图回答这个问题[Kepler 1611]。十年以后,斯涅尔(Willebrord Snell)通过一系列精密的实验证明了入射角、折射角与法线间的关系符合斯涅尔定律。

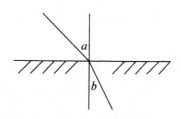

图 15-8　斯涅尔定律

斯涅尔定律指出:若角 a 为入射角(入射光线与法线的夹角)、角 b 为折射角(折射光线与法线的夹角),那么 $\sin a/\sin b$ 为常数。

这一结果十分优雅,却与亚里士多德的观点相违背。这令费马十分困惑。费马的计算结果显示赫伦是错误的,他认为光的折射并未缩短距离,而是减少了所花的时间。(在赫伦的原始题目中,距离还是时间的减少是一回事,因为这个问题是在一种介质中的反射,而非在两种介质之间的折射。事实上,在某些情况下,时间可以最大化:真正起决定性作用的是稳态。)与费马的期望相反,使用他改正过的法则,费马证明了斯涅尔定理是正确的,进一步支持了亚里士多德的形而上学。

莫泊丢(Pierre de Maupertuis,1698—1759)是亚里士多德、赫伦、费马之后的自然哲学家。他从神学角度解释,认为上帝是自然界万物的造物主,其原动力总是在最小化"作用量"。

> 由这个原理,我们推演出的运动和静止的规律与我们在自然界中所观察到的精确相符;我们可以将之应用于一切现象。动物的运动、植物的生长……都只是这一原理的结果。当人们只需知道很合理建立的少量定律可以解释一切运动,宇宙奇观就会更为宽广、因此瑰丽,也更显出造物主的可贵。[Maupertuis 1746:267]

莫泊丢是在相应进行光学理论研究时得出这一原理的,但他坚信这一原理可以应用于所有自然定律。他认为,物理学中要最小化的量应是它与这一事件花费时间的乘积,反之亦然。它是如今我们所说的系统动能的两倍。现代物理学中的"最小作用量原理"则是使沿作用路径累加的动能和势能之差为最小。

有意思的是,回忆起牛顿对此类观点的热衷,最小作用量原理提供了力学的基石,它独立于牛顿定律,同时还应用于广义相对论和量子力学。这个原理过去似乎是一个有吸引力的推测,却在之后的2000余年中对科学和数学产生了深远的影响。

极值问题

　　赫伦和他的后继者们的问题本质上是极值问题:求得距离、时间、面积、体积、作用量……最大值或最小值。有记载的首位解决极值问题的人是迦太基女王狄多(Queen Dido of Carthage)。根据古罗马诗人维吉尔(Virgil)的罗马史诗《埃涅伊德》(*Aeneid*),她乘船来到非洲北部沿岸避难,并请求当地的原住民赠予她一张牛皮所能覆盖到的最大面积的土地。原住民同意了,女王把牛皮切成细条后扎成细细的牛皮绳,细线围住了当地的一整座山。如果女王是数学家的话,或许可以以海岸为一边,以牛皮绳围一个半圆,从而围出更多面积。不过前提是你也认同同样周长下圆所对应的面积最大。

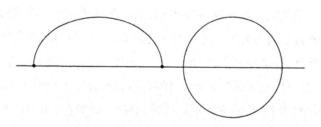

图 15-9　牛皮绳沿海岸围出的面积

　　假设狄多女王选择了左边的围法:我们沿海岸线画出对称图形,其周长应为牛皮绳总长度的两倍。但这样围出的不是最大的面积,如果它是一个圆,那么面积会更大。因此,女王应该选择围个半圆。

帕普斯与蜂巢

希腊数学家帕普斯(Pappus,公元290—公元350)曾经研究过一个至今广受喜爱的极值问题:

> 毫无疑问,在所有的生灵中,上帝独独赐予了人类智慧,尤其是数学科学……对于其他生物而言,虽然它们没有逻辑思考的能力,但上帝赐予了它们特定的生物本能,这使得它们满足生存的需要。[Pappus:Heath 1921]

帕普斯认为所有的动物身上都能看到这种本能,但在蜜蜂中表现得最为明显。他提到了蜜蜂储存蜂蜜的方式,并认为它们本能地选择了一种分隔平面且使得各蜂室间不留任何空隙的方法,因为间隙会导致"外来物质进入蜂窝,破坏蜂蜜的纯净"。正三角形、正方形和正六边形都可以满足这样的条件,而蜜蜂"出于自身的智慧直觉选择了用最多角的形状搭建蜂巢,因为它们意识到这样可以比另两种形状储存更多的蜂蜜"。

于是,蜜蜂的选择就是正六边形。因为如帕普斯进一步所示:

> 在所有周长相同,等边等角的平面图形中,角和边的数目越大,面积也越大。正多边形的极限就是圆。[Heath 1921]

这一与欧氏几何风格迥异却极富数学性的问题在数学大师欧拉的论文引导下产生了一个全新的数学分支——变分法。可见,博物学、物理学、数学、化学形成了一种独特的共生关系;在这里,一些形而上学的原理最终被证明是理论、概念、方法的源泉和财富。真是不可思议。

第16章 基石：感知、想象和洞察

感知是一个谜。我们拥有各种感觉，但我们通过眼睛观察，因此常常认为感知是视觉性的。不过我们也常常会说："你能看到下一步吗?"或者"你能发现下一步吗?"这么说的时候，我们实际上是想表达"你能解出吗?"有时候我们还会问："你看懂我的意思了吗?"这是"看"最常见的意思——不是"看"，而是"理解"!

心理学家告诉我们：感知是动态的与神经系统有关的复杂过程。我们"即刻"什么都没看见只是指实时。当我们看一个几何图形时，我们的眼睛会读取纸上或屏幕上"已有"的特征信息，但我们也会"看"到纸上或屏幕上"没有"的点、线、圆。这些看不到的点、线、圆是"潜在的"——如果我们愿意，可以选择画出它们。古希腊人痴迷于这种构建，经常将其用在他们的证明中。事实上，如果没有这些构建，很多证明就是不可能的。

所以，我们看见真实存在的东西，而我们"看到"或想象可能有的东西，强调了数学的动态性。事实上，如果对部分图形进行移动，我们甚至可以"看见"将会发生什么。在我们的脑海中，我们"看到"转换的效果。计算机图像处理软件可为你呈现这一动作，但这存在一定的风险：一旦机器代替人脑进行思考，人脑就可能永远停止了思考。这对数学而言可谓是灾难性的，因为数学需要思维活跃的大脑来从事想象力活动。

有趣的是，当你盯着一个代数式看时，也会发生一样的事情。代数式和图形看上去并无相似之处,你也不会把代数式钉在相框里,挂在墙壁上(这样说并不完全正确——你可以在网上买到印刷精美的数学或科学的方程式),你确实观察它,找出它的特点,理解它的意思。例如,我们可以看一下如下的级数:

$$2x + 5x^3 + 14x^5 + 41x^7 + 122x^9 + \cdots$$

你可能会注意到下面这些信息,但顺序可能不一样:级数的变量始终是 x;只有 x 的奇数次幂;系数在快速增长。更仔细"看",你可能会"看到"系数的差值是 3 的指数倍:3,9,27,…以此类推。

你还可能"看到"这个代数式可能的变换。和往常一样,这需要一定的想象力。就像在国际象棋棋局中,有很多种可能的走法,而哪一步最好则不容易看出。在下面的例子中,这个二次方程可以通过两边同除以 x 进行变换:

若 $x^2 + 15 = 8x$

则有 $x + 15/x = 8$

对于上面所说的"看到"的结果,已相当好了,但这么做的意义是什么?这样一来,你就得到了两个数——x 和 $15/x$,两者相乘的乘积为 15,相加的和为 8。这样一来,这道题就等于求满足:$a + b = 8$ 和 $ab = 15$ 的 a 和 b。

在此情况下两个数都是整数,所以很容易求得它们是 3 和 5。这一个变换被证明是非常有用的,但有很多却不是这样。这里有一个小实验。你可以作一次移项,看看会得到什么(对于较为简单的步骤,在脑海中尝试也可以)。很自然,有时,实验会失败。

就像这道题中,两边同除以 x 的做法可能是浪费时间,也可能是得出二次方程一般解法的一大步(答案是后者)。重要的一点是,这是一种完全代数的"看"。无论吸引你的是数学的哪个领域,都有合适的"看"的方法;而其他方法是无用的。这也就是为什么迪厄多内(Jean Dieudoneé)告诫学生要发展抽象直觉。由于所有的数学或多或少都存在抽象性,他的劝诫可以说适用于每一个人。幸运的是,获取这种抽象直觉有一种非常享受的手段:只要记住——和抽象游戏一样——"数学不是一门观赏运动",而是需要全神贯注!

阿基米德引理与用"看"来证明

这个简洁的定理出自《引理集》(*Book of Lemmas*),据称是古希腊数学家阿基米德所写。定理说道:两条相互垂直的直线将圆周分为四个弧,即 *AB*、*BC*、*CD* 和 *DA*,见图 16 - 1:

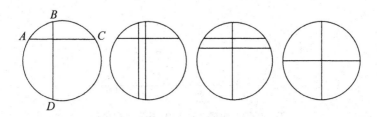

图 16 - 1　阿基米德引理

阿基米德证明了 *AB* + *CD* = *BC* + *DA*。想要知道原因的话,不妨将垂直线向右移动少许,此时 *AB* 增加的幅度恰好等于 *CD* 减少的幅度,因此 *AB* + *CD* 的总长度不变。类似地,*BC* + *DA* 的总长度也不变。现在将水平线向下移动少许,也有相同的结论。

于是我们可以将这对相互垂直的直线任意移动,只要它们仍与初始时的两条直线平行,那么 *AB* + *CD*、*BC* + *DA* 的总长度始终不变。很好!现在我们把它们移动到圆心,那么就有 *AB* + *CD* = *BC* + *DA* = 1/2 圆周长。于是 *AB* + *CD*、*BC* + *DA* 分别等于 1/2 圆周长。

这一通过变位进行证明的方法就是典型的动态证明。当我们移动线条时,观察它们怎么表现。这一结论也相当可信,因为它只依赖于圆的对称性——还有什么比圆的对称性更显而易见的呢?由于圆的对称性无处不在,我们立刻就信服了。[Hutchins 1952:564 – 5]

通过剖分进行证明的中国人

图16-2直角三角形内切圆的半径是多少？我们有两种通过计算三角形面积求内切圆半径的解法，下面我们来比较一下：

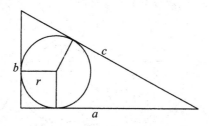

图16-2　中国人使用的剖分法求内径

若以 r 表示内径，a、b、c 表示三角形的三条边，那么三角形的面积等于 $1/2ar + 1/2br + 1/2cr$；但三角形面积也等于 $1/2ab$。两者结合，有：

$$r = ab/(a + b + c)$$

然而，在公元3世纪的《九章算术》中，刘徽画了这样一张图，见图16-3（我们稍作了一些简化）：

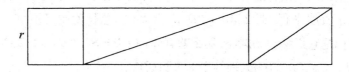

图16-3　三角形剖分后重排

这个长方形的高为 r，长为直角三角形周长。[Yan & Shiran 1987：70-71]

这个例子——通过类推——提示我们，可以将剖分运用到其他问题的证明中去。事实也的确如此。中国古代数学家们早已知晓类推的重要性，这体现在2000多年前《周髀算经》记载的对话中。陈子对荣方：

> 思之未熟。此亦望远起高之术，而子不能得，则子之于数，未能通类。是智有所不及，而神有所穷。夫道术，言约而用博

者,智类之明。问一类而以万事达者,谓之知道。

陈子又说:

夫道术所以难通者,既学矣,患其不博。既博矣,患其不可。
[Yan & Shiran 1987:28]

拿破仑定理

法国皇帝拿破仑也是一位业余数学爱好者,拿破仑定理即是以他的名字命名。该定理指出:对任意三角形三边外侧作等边三角形,这三个等边三角形的中心相连也是等边三角形。

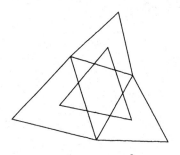

图 16-4 拿破仑三角形

如果向三角形三边的内侧作等边三角形,这一定理同样成立。前一种情况可以通过继续这样作图来构建出旋转对称的镶嵌图形予以证明。

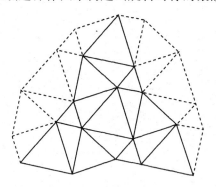

图 16-5 拿破仑镶嵌 1

去掉其中若干线条并对部分三角形填色,可以映衬得这种旋转对称更为明显(图 16-6)。

拿破仑定理看似不过是初等欧氏几何中一个更怪异、更有吸引力、更耐人寻味的性质。然而,通过把它推广,我们发现事实并非如此。画出图 16-7 中的镶嵌——它如果继续下去就会塌缩到图顶部的一个极限

趣味与理性的微妙关系

游戏遇见数学

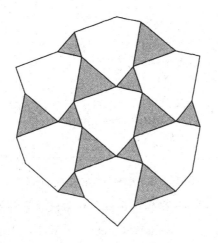

图 16 - 6   拿破仑镶嵌 2

点——我们得到了一个迥然不同的透视图形。

图 16 - 7   螺旋状拿破仑镶嵌

　　任意两个形状不同的三角形皆可用来做这种镶嵌"作业"。请再次（一如既往地）仔细观察图 16 - 8：

　　按照这一镶嵌，三个外接三角形中的任何三个对应点相连会得到一个形状相同的三角形。使三个外接三角形均为等边三角形且选择把它们

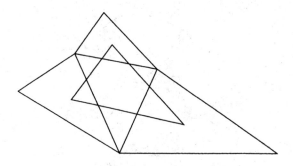

图 16 - 8　无中心点的拿破仑图形

的中心连接时——嘿——拿破仑定理。对拿破仑定理的这一新的视点将
会得出很多别的结果。[Wells1988：ch.6][Wells 1995：178 - 184]

多角数

从 1 开始对所有计数数相加,和是多少?

$$1 + 2 + 3 + 4 + 5 + 6 + \cdots + N?$$

我们可以从图 16-9 中找到答案,这张图显示 1 到 7 的和:

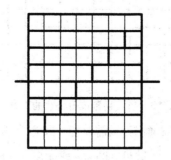

图 16-9　以矩形中小格子表示 $1 + 2 + 3 + \cdots$

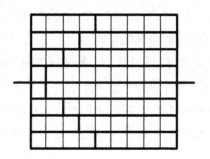

图 16-10　第二种方法表示 $1 + 2 + 3 + \cdots$

图 16-9 是一个 7×8 的矩形,这个矩形被切割为两个完全相等的区域。这两个区域分别包含 $1 + 2 + 3 + 4 + 5 + 6 + 7$ 个方格,因此总和必定是 7×8 的一半,即 28。图 16-10 略有不同,它表示的是从 1 加到 8 的情况。由图可知,答案应为 8×9 的一半,即 36。

这一解法可用于任意一个从 1 开始的计数数求和。所以我们问题的答案显然为 $1/2 N(N+1)$。通过类似的"图解"法,还可以证明前 N 个奇数相加的和为 N^2。

$$1 + 3 + 5 + 7 + 9 + 11 + \cdots + (2N - 1) = N^2$$

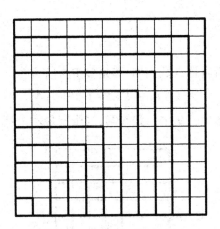

图 16－11　切割成日晷状的正方形

或者,你完全不需要画图,只需要摆一些鹅卵石或算子也可以。把这些数列求和,对手艺人、测量员、小商贩或家庭主妇毫无帮助。我们只是退后一步,发现奇数很有趣。正如我们之前所说,"看",并不一定是看图、看表,也可以是"看"代数式、公式、甚至好多页的计算步骤;然后"看到"发生了什么,"看到"将会发生什么。

语言学家早就注意到,"我看懂了"最常指的是"我理解"了。我们可以研究一个棋局,或者一个数学方程式的图示,"看看它是什么意思"。

数学史上最有名的趣闻是关于少年高斯在小学时的故事。高斯的老师要求学生从 1 加到 100,而正当其余同学埋头苦算的时候,高斯写下答案 5050。

$$1 + 2 + 3 + 4 + 5 + 6 + \cdots\cdots\cdots\cdots\cdots + 50$$
或 $+100 + 99 + 98 + 97 + 96 + 95 + \cdots\cdots\cdots\cdots\cdots + 51$
$$101 + 101 + 101 + 101 + 101 + 101 + \cdots\cdots\cdots\cdots\cdots + 101$$

所以,总和为:$101 \times 50 = 5050$。不过根据我们刚才提到的一般计算公式,它也等于 $1/2 \times 100 \times 101$。在这个例子中,高斯"看到的"是算术、代数,而不是几何。

古希腊人在痴迷于几何学的同时也同样痴迷于数的规律,不过在这一方面他们所取得的成就略为逊色。这可能部分归咎于他们没有代数符号,部分则归咎于并未提出能够推动代数学发展的问题。尼克马修斯

（Nichomachus 约公元 100 年）撰写的《算术》（*Arithmetic*）一书中曾提出过这样一个数列：

$$1 \quad 3 \quad 6 \quad 10 \quad 15 \quad 21 \quad 28 \quad \cdots$$

他称这个数列为"三角形数列"。因为这样的数列按几何形状排列时可以立刻形成等边三角形。

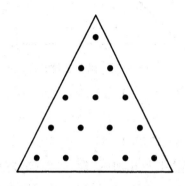

图 16-12　以圆点表示的三角形

随后他又提出了正方形数：

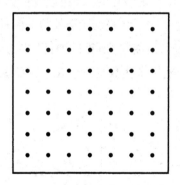

图 16-13　以圆点表示的正方形

随后他还提出了五边形数列 1，5，12，22，35，51，70，…，以及六边形数、七边形数，等等。他解释说："这些数的最好形式就是用几何方法表示"。他通过指出每一个正方形沿对角线切分可得到两个三角形，而每个正方形数可分为两个连续的三角形数来说明（图 16-14）。而任何一个三角形数与"下一个""平方数"相加，即可得到一个五边形数。

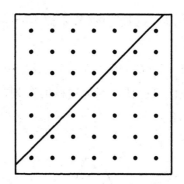

图 16 - 14　分割成两个三角形的正方形

三角形数	1	3	6	10	15	21	28	…
正方形数	1	4	9	16	25	36	49	…
五边形数	1	5	12	22	35	51	70	…

……将三角形数与五边形数相加可得六边形数；如此循环，无穷无尽。[Hutchins 1952：835]另一些图形也有着类似的规律，如图 16 - 16：

每个六边形数是由 6 个恒等的三角形数和数字 1 相加而得的，即：$H_n = 6T_{n-1} + 1$。可视的图形使得任何具有这种特性的数变得"可读"，也使得"所见即所证"成为可能，通过代数证明相对复杂，毕竟代数是不能在一开始就把它们"读出"的。

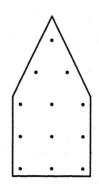

图 16 - 15　以圆点表示的五边形数

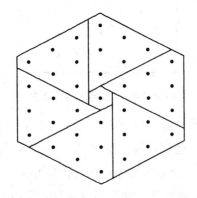

图 16 - 16　六边形被分为 6 个三角形

分拆问题

尼克马修斯通过对多角数的剖分得出的结论是组合学中的简单例子。组合学也被称作是高级计数的艺术[Berge 1971]。同刘徽相比,尼克马修斯的做法,是将同一组对象用两种方法计数,并将结果进行对比。

同样的技巧也适用于分拆领域。数的分拆是指将一个数分解为若干部分,包括将原数本身看作是第一个分拆结果。下面是对整数 1 到 4 的分拆:

$$1 = 1 \qquad 2 = 2 = 1+1 \qquad 3 = 3 = 2+1 = 1+1+1$$
$$4 = 4 = 3+1 = 2+2 = 2+1+1 = 1+1+1+1$$

下面是对 8 的分拆:

$$8 = 8 \qquad\qquad\qquad 8 = 7+1$$
$$8 = 6+2 \qquad\qquad\qquad 8 = 6+1+1$$
$$8 = 5+3 \qquad\qquad\qquad 8 = 5+2+1$$
$$8 = 5+1+1+1$$
$$8 = 4+4 \qquad\qquad\qquad 8 = 4+3+1$$
$$8 = 4+2+2 \qquad\qquad\qquad 8 = 4+2+1+1$$
$$8 = 4+1+1+1+1$$
$$8 = 3+3+2 \qquad\qquad\qquad 8 = 3+3+1+1$$
$$8 = 3+2+2+1 \qquad\qquad\qquad 8 = 3+2+1+1+1$$
$$8 = 3+1+1+1+1+1$$
$$8 = 2+2+2+2 \qquad\qquad\qquad 8 = 2+2+2+1+1$$
$$8 = 2+2+1+1+1+1 \qquad\qquad\qquad 8 = 2+1+1+1+1+1+1$$
$$8 = 1+1+1+1+1+1+1+1$$

如果没有数错的话,8 的分拆个数 $p(8)$ 为 22。数与对应的分拆个数的数列如下:

n	1	2	3	4	5	6	7	8	9	10	⋯
$p(n)$	1	2	3	5	7	11	15	22	30	42	⋯

想要找到 $p(n)$ 的公式极为困难。不过仅仅通过观察,我们就可以对

一些特殊类型的分拆得出强有力的结论。图 16 - 17 显示了数 26 的一种分拆图：

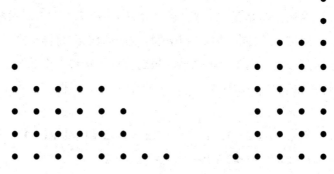

图 16 - 17　分拆图，及其旋转后的图形

如果我们沿水平方向看,则 26 = 8 + 6 + 6 + 5 + 1。然而,如果将图形旋转 90°,则 26 = 5 + 4 + 4 + 4 + 4 + 3 + 1 + 1。

在第一个分拆中,最大数 8 是第二种分拆中的数的个数。而在第二种分拆中,最大的数 5 又是第一种分拆中的数的个数。这一观察使我们可以得出一个值得注意的结论：

把数 N 分拆为至多 M 个部分时的分拆个数等于把数 N 分拆为其所有组成部分的数值都不超过 M 时的分拆个数。

举个例子,如果将数 5 分拆为至多 3 个部分,其分拆的方法如下面左列所示;如果将数 5 分拆为不超过 3 的数时,则如下面右列所示：

5	1 + 1 + 1 + 1 + 1
4 + 1	2 + 1 + 1 + 1
3 + 2	2 + 2 + 1
3 + 1 + 1	3 + 1 + 1
2 + 2 + 1	3 + 2

为何这两个分拆如此地完美配对？图 16 - 18 中的分拆解释了一切。注意上面的第 4 行是对称的,第 5 行与第 3 行又是"互逆的",因此只需要

画出 3 行即可。

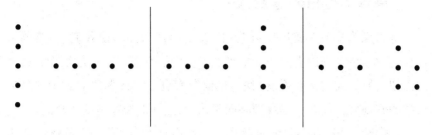

图 16-18　数 5 的分拆

这一结论意义重大,有两个原因。它极为简练、有说服力,我们无须知道 5 可以有多少种不超过 3 个部分的分拆。我们把其中很难的计算分拆个数的工作略去,而只是将其一对一配对。这是真正的高级计数!

我们现在所举的例子都是非常简单的,因此对于结论有足够的自信。这些结论看上去很明显,不证自明。哲学家兼数学家罗素曾经说过:

> 不证自明是一个心理学范畴的特性,因此是主观的、可变的。不证自明对于知识极为重要,因为知识要么不证自明,要么从不证自明的知识推演而来。

他随即补充道:"不证自明也有度的区分" [Russell 1913：492]。没错,这里就是"最高度"的不证自明。谚语里说:"眼见为实"。我们或许还应该加上一句:不证自明这一心理学范畴的特性对于抽象游戏和其他形式化的场合尤为突出。科学理论,它们的力量和不寻常的成功,从来不是不证自明的;如同诗歌和油画的含义,评论家可以而且的确在无休止地争辩下去。

（再谈）发明还是发现?

这些规律看上去像是计数数的"天然"特性,而非由我们、古希腊人或任何一位智者创造出来的。如果说宇宙中还有哪一种智慧生物已经发展出超过原始人的文明程度,我们相信他们也会有计数数的意识并从数列中找到规律特征。所以我们倾向于认为,这样的规律是被发现的。

它们确实被给定特殊的形式——所有的规律可以以多种形式表现——是在于发现者的选择,因此我们也可以说,这又带有发明的意味。

从另一方面,人们发明了很多种不同的计数数系统,因此我们确信,在遥远的星球,"人们"迟早会"发现"计数的概念,并且"发明"出一个计数系统。正如六边形棋或围棋等游戏的规则是被发明出来的,但随即迫使我们去识别其中的各种可能性。这些可能性对于游戏者可能一开始并不明显,因此正是这些我们用于计数的简单规则又迫使丰富的规律和关系存在,它们就是尼克马修斯开始策划,继后费马、欧拉、高斯及其他有着出色想象力和洞察力的数学伟人所研究的对象。

第17章 结构

数学是为不同事物起同一个名字的艺术。

——庞加莱［Poincaré 1914］

数学家无时无刻不在寻找规律。如果从表面上看不出规律,他们便更深入地挖掘。如果在相互独立的对象中找不到规律,他们会将其放到更宽广的情景下去挖掘。

日常生活中的规律可能是表面的——仅装饰性的——但在数学中则有着更深刻的意义。它们不是表面的装饰,而是内在的骨架。它们是数学构建的基础结构,只要理解了这些骨架,就可以很大程度上了解了数学对象本身。

规律还有另一个用途:同一规律——或者说骨架——会在不同场景下反复出现,这使得我们可以"窥一斑而见全豹",这也是为什么数学家同最好的科学家一样注重类比:

类比是我的最爱,是我最诚挚的老师,它知晓大自然的全部秘密。"

——开普勒(Kepler)［Rigaud 1841］

发现类比就是发现规律或共同的结构，因此类比和结构是数学的基石。美是重要的，因为美学取决于这三个特征。

下一节我们将要研究坐标系下的毕达哥拉斯定理。将数学问题以合适的方式呈现会使得问题更易于理解，这是数学的一个重要特征。因此数学家花费了大量时间和精力研究如何更好地表达数学问题。

在毕达哥拉斯之后，我们将寻找结构的另一个方面，搜索结构的相似性以及隐藏在表面之下的潜在结构。素数很难理解：比较好的方法是思考什么是素数独有的特性，什么是素数与其他特殊数列（如幸运数字等）共有的特性。

如果我画出一些二次函数的图形，那么它们有时会有两个根、有时一个根也没有，这其中的"分界线"就是抛物线与轴相切时的情况。有1或3个根的三次函数，也有类似的分界线。然而更深入地研究，一个隐藏的结构揭示了出来——当透过复杂数字恰当观察时它们总是有最大根数（前提是对于多重根的计数无误），这是隐藏数学结构的一个典型例子。

最后，如果我们理解了数学结构，我们就往往能够将一个问题转化为相对简单的问题。我们可以通过几何反演的例子来阐述这一主题。

毕达哥拉斯定理

好的证明使我们更加睿智。

[Manin 1979:18]

图 17 - 1　空白

图 17 - 1 画的是空白的空间。它理应是个平面,事实上如果把本书合起来的话,确实也是平的。看上去空空如也,没什么可看的? 让我们在上面加一些细节,一组等距平行线:

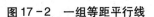

图 17 - 2　一组等距平行线

看上去还是没啥好看的。因此我们在图 17 - 3 中又加上了第二组相同的平行线,与第一组的垂直。这就产生了一组正方形格子,理论上可以无限延伸。

正方形是我们所熟悉的数学对象,我们可以对正方形作很多变化:这里我们将其进行平移,使得每一排正方形都与邻近的一排间隔相等距离。

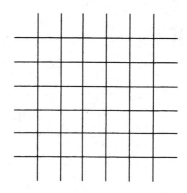

图 17-3　两组等距平行线组成了正方形

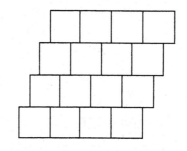

图 17-4　横向平移后的正方形(基于图 17-3)

下一步,我们沿垂直方向平移这些正方形,平移的距离与上一步相等。这就产生了"正方形小孔"。

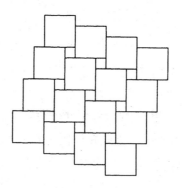

图 17-5　纵向平移后的正方形产生了另一组小正方形(基于图 17-4)

这是一种简单的对称。正方形格子们朝着两个互相垂直的方向平铺到边缘。通过将每个格子的某个对应点(如大正方形的中心)连接起来,

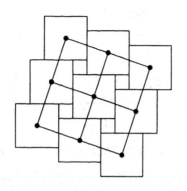

图17-6　9个偏移正方形的中心相连

从而使我们可以突出地看看这一情况。

奇怪的是,我们又回到了最初正方形格子覆盖平面的模式,只是格子变得更大且有一些倾斜。事实上,每一个正方形加一个正方形小孔都对应了一个新的大正方形。通过这一观察,我们可以推测每个大正方形的面积等于上述一对较小正方形的面积之和。

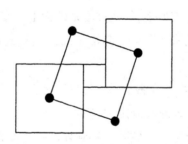

图17-7　由图17-6放大后的局部

再仔细看,图中的5个部分*既可以围成一个大正方形,也可以拼成两个较小的正方形。于是我们意外地发现一种剖分方法,它证明了我们的观点。

我们也可以用另一种方式来看待这些方块。如果我们画出如图17-8中的三角形,三个不同大小的正方形包围着它。

---

* 指图17-7中四个黑点所围成的大正方形被原始图形所切割组成的五个部分。——译者注

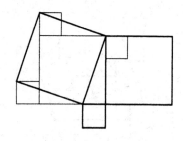

图 17-8　将大正方形剖分为两个小正方形

啊哈！毕达哥拉斯定理说过：对于任意直角三角形，斜边的平方等于两条直角边的平方和。通过简单的变形，当然还有观察，我们发现了毕达哥拉斯定理和一种证明它的方法。果真如此吗？我们的方法是通过一个相当基础的假设来实现的，这常发生在你依赖于实验和观察时。我们假设，我们可以用一组等距平行线覆盖平面，以本书中的一页作为代表。但这个假设只在"平"面上成立，在球面等其他面上则不成立。事实上我们也可以用两组线来划分一个球面，这就是经线和纬线，但经线并不平行，而是相交于南北极。类似地，纬线并不是球面上的直线，因为在特定纬线上的任意两点之间的最短距离不是沿该纬线连接此两点的弧段（赤道是唯一的例外）。

看上去，与其说我们证明了毕达哥拉斯定理在平面上成立，不如说如果对于整个"面"，毕达哥拉斯定理都成立，那么这个面是平面。与其假设我们知道平面是什么——它是一种到处都平直的东西——不如承认毕达哥拉斯定理是检验一个面是否为平面的工具。

那么是不是意味着我们无法证明毕达哥拉斯定理呢？也不对，因为证明方法就在小学课本里呐！事实上，只需要再增加一些对于平面的限定条件（正如欧几里得所做的那样）就可以证明了。使用这样的基本性质，证明的方法可以非常多，卢米斯（Elijah S. Loomis）在《毕达哥拉斯假设》（*The Pythagorean Proposition*；1940）一书中得以共发表了 367 种之多！在那之后，还有更多种证明方法被不断发现。图 17-9 显示了达·芬奇（Leonardo da Vinci）的一种证明方法。

达·芬奇画了一个标准的图形，然后在底部重复画一个初始的三角

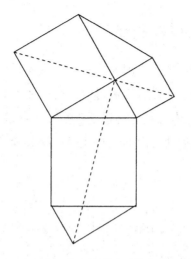

图 17 – 9　达·芬奇的毕达哥拉斯定理证明

形,并将顶部的两个正方形顶点相连,产生第三个一样的初始三角形。随后,他又画了两条互相垂直的虚线,产生了 4 个完全一致的四边形:第一对四边形组合成了两个直角三角形和一个较大的正方形;另一对则组合成两个直角三角形和两个较小正方形。

但这一证明说明了什么?画出两条虚线的方法看上去不过是小伎俩,这让毕达哥拉斯定理看上去也不过成为无意义的小把戏。错的不能再错!毕达哥拉斯定理存在的数百种证明方法说明了其具有非常深层次的含义,尽管我们可以肯定只有极少数的证明能够阐述其内在的深层次含义。对于多数证明而言,它们证明了结论,却不能产生启发效应。

一些证明只是证实了我们的猜测,却没有提供更深层次的启发。“为什么?”这个疑问是模棱两可的。我们是想要一个逻辑上可信的证明,还是突出了数学结构的启发性证明呢?很多证明都属于前者,而好的证明则两者兼具,还有一些论据非常具有启发性,却没有足够的说服力,因此你需要想办法加强其说服力。

画家康斯特布尔(John Constable)曾经写道:“在我们真正理解之前,是什么也看不到的。”当你将毕达哥拉斯定理理解为表示几何平面的深层次结构时,这张图就会看上去不同,而定理本身就会“其义自现”。

欧几里得坐标几何学

平面几何学内容丰富,概因其位置可以从两个维度上独立变化。笛卡儿曾经提出,平面上的任意点都可以用两个相互独立的坐标轴上的坐标来表示。通过选择坐标间合适的"关系",点可以在坐标系中沿直线、弧线、抛物线等轨迹运动。图 17 - 10 是 $4y = x^2$ 的运动轨迹。

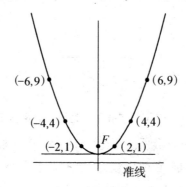

图 17 - 10　抛物线及抛物线上的点

这个抛物线的焦点位于 $(0,1)$,准线为 $y = -1$;抛物线上任意一点到焦点与到准线的距离相等。例如,对于点 $(1,1/4)$ 而言,到焦点和到准线的距离都是 5/4。这一点我们可以通过毕达哥拉斯定理证明。

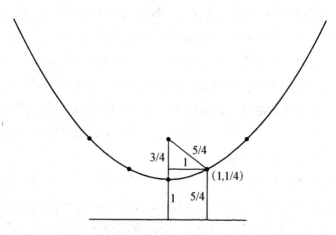

图 17 - 11　抛物线上的点到准线与到焦点的距离相等

当这个平面被单位小格子覆盖时,毕达哥拉斯定理可以表达为点 (a,b) 与点 (c,d) 之间的距离的平方为 $(a-c)^2+(b-d)^2$,因此两点间距离 $PQ=\sqrt{(a-c)^2+(b-d)^2}$ 。

这个公式整齐却略显复杂——包括了平方和开方两个过程——这令人大吃一惊,因为上一节末尾这个定理是如此简洁。这就提示我们,尽管毕达哥拉斯定理是基本的想法,但在坐标几何的某些场合应当避免使用这一定理。

这个结论有一定合理性,它强调了你选择的几何类型应当适合要解决的问题。让我们来看两个例子。第一个例子中,坐标几何的方法看上去复杂,但应用得很恰当。第二个例子是关于长度的问题,没有用到毕达哥拉斯定理,但也应用得非常合适。

下面是第一个例子。求图 17－12 中三角形外心所在位置,即到三角形三个顶点距离都相等的点的坐标。

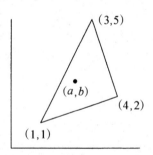

图 17－12　三角形及其顶点和外心

如果三角形外心为 (a,b) ,那么根据毕达哥拉斯定理,在坐标系中有如下方程:

$$\sqrt{(a-1)^2+(b-1)^2}=\sqrt{(a-4)^2+(b-2)^2}$$

及:

$$\sqrt{(a-4)^2+(b-2)^2}=\sqrt{(a-3)^2+(b-5)^2}$$

这只是表面上复杂,但仅此而已。我们可以对每一方程两边取平方并简化,得到的是二元一次方程:

$$3a + b = 9$$
$$3b - a = 7$$

其实,这是两条边的垂直平分线的方程(因此我们可以完全不通过毕达哥拉斯定理求出这两条线),而且,由于这个三角形是直角三角形,因此这两条线的交点正位于第三条边上。

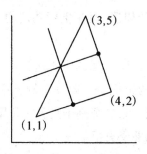

图17-13 该三角形及其两条垂直平分线

下一个例子则完全无法用到毕达哥拉斯定理,但我们仍然可以得到答案。

中点问题

两点之间线段的中点所对应的坐标就是这两个点坐标的算术"平均数",将这两个点看作完全相同的物理粒子时,这个点也就是两点的重心。

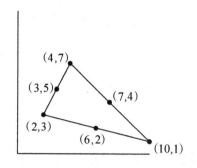

图 17-14　三角形,顶点以及三边的中点

在图 17-14 中,点 $A(2,3)$ 和 $B(4,7)$ 的中点是 $(3,5)$,因为 2 和 4 的平均数是 3;3 和 7 的平均数是 5。三个中点相连组成了一个新的三角形(图 17-15),现在我们又可以求得这个新三角形的三个中点,并且可以一直这样重复下去。通过简单的计算,我们可以得出第二组中点的坐标分别为: $\left(4\dfrac{1}{2},3\dfrac{1}{2}\right)$、$\left(5,4\dfrac{1}{2}\right)$ 和 $\left(6\dfrac{1}{2},3\right)$。

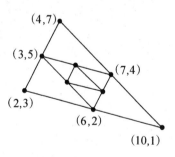

图 17-15　同一个三角形的中点及"中点的中点"

显然,我们正在逐渐逼近三角形的一个中心,但是哪个中心? 它的坐标又是什么? 通过重复计算平均数时,我们只能得到一个线性方程,没有平方数、没有立方数、没有平方根,什么也没有。同样,由于我们的计算是对称的,因此结果一定由最初的三个点对称决定。然而,A、B、C 唯一的对称线性方程是它们的和 $A + B + C$, 或者是其分数, 或者是其倍数。事实上, 这些三角形的极限就是 $(A + B + C)/3$。通过分别计算坐标, 我们可知是 $(16/3, 11/3)$。这个点, 正如我们所猜测的那样, 是所有这些三角形的重心。

挠四边形

两点之间"平均数"的巧妙的概念提供了一个额外的好处。在任意维数中,点 A 和点 B 的中点为 $\frac{1}{2}(A + B)$。所以如果我们画出一个挠四边形——意思是这四条边和四个顶点并不位于同一平面,我们仍然能有如下结论:对边的中点相连所得的直线,仍共有一个"中心点",尽管这个结论并不是显而易见的。

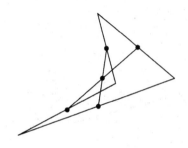

图 17-16 挠四边形中,两组对边的中点相连

事实上,甚至很难看出这两条中点连成的直线交汇于一点——三维空间下多数直线不会相交。更有甚者,如果为这一挠四边形增加两条边,使之成为一个四面体。我们会得到这样的结论:将四面体对边的中点相连,那么三条中线交于一点。这一结论在任意维数都成立。

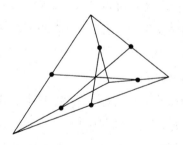

图 17-17 四面体中,所有对边中点都相连的情况

我们可以继续拓展下去,不一定是要局限在两点间的平均数,也可以是加权平均数。

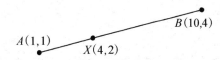

图 17-18　线段 *AB* 的三分位点 *X*

X 位于线段 *AB* 三分之一处,这表示 *X* 到 *A* 的距离仅为到 *B* 距离的一半。于是,*X* 点的坐标即为 *A*、*B* 坐标的加权平均数,即:$(2A + B)/3$ 或 $(4,2)$。现在,我们假设我们在另一个挠四边形的两组对边上都取加权平均,并把对应的点连起来(图 17-19)。

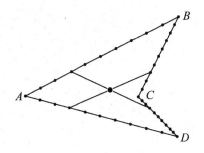

图 17-19　挠四边形的边被分为 10 等分

我们把 $(7A + 3B)/10$,$(7C + 3D)/10$ 这一对点和 $(7C + 3B)/10$,$(7A + 3D)/10$ 这一对点分别连接起来。这两根弦在它们共同的中点相交,即:$(7A + 3B + 7C + 3D)/20$。

由于我们选择的弦有一定的对称性,因此这并不奇怪。但奇怪的是,$(2A + B)/3$、$(2C + D)/3$ 这一对点和 $(3B + 4C)/7$、$(3D + 4A)/7$ 这一对点的两根弦也在空间中交汇,只不过此时它们不再互相平分。事实上,一组对边上所有的弦都与另一组对边上所有的弦相交,形成一个直纹曲面,在这个例子中即双曲抛物面。

这个双曲抛物面有着几个有趣的特性,其中最特殊的一点在于:由于两点之间直线距离最短,而这个面是由直线组成的,因此你很可能认为这是横跨这一挠四边形的最小的面。不过施瓦茨(Hermann Schwarz)在 1865 年发现事实并非如此。然而,如果选择这个挠四边形的边是立方体的四条对角线,那么其对应的曲面的面积比非常接近 1,约为 1.0012。

[Dalpé 1998:6]

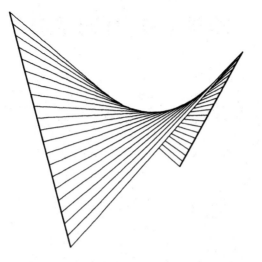

图 17 - 20　挠四边形形成的双曲抛物面

毕达哥拉斯定理是深刻、优美的,但这个没有使用毕达哥拉斯定理的加权平均同样是漂亮平滑的。当然,前提是对于合适的问题你选择了合适的方法。这才是数学的"秘诀"! 每一个数学问题背后都隐藏了一个结构,至少数学家们是这么认为的。只要找到了正确的结构,那么问题就会变得相对简单,如果选择了不恰当的结构,那问题就会变得复杂;如果压根找不到数学结构,那解题将要么无从下手,要么只能通过验证的方式进行。

很多数学研究由发现数学问题背后所隐藏的结构组成。通常而言这是非常艰难的挑战,因为几乎可以肯定,你很难用熟悉的术语来思考。你必须思考新的、深层次的东西,而这就需要你忠实的好伙伴想象力的帮助了。

第18章 隐藏结构,共同结构

素数与幸运数

根据高斯在多年以后的回忆,他在十四五岁的少年时期,基于实验性计算,曾经有过一个关于素数的猜想,他推测小于 n 的素数的数量近似 $n/\log n$。由于素数的特异性,我们并不惊讶于这个公式的"特殊性",但我们仍然会忍不住好奇,这样的规律是否在别处也同样适用。这样的猜想也许有助于我们更好地理解素数。

大约在 1955 年,乌兰(Stanislav Ulam, 1909—1984)在这个领域迈出了历史性的一步。他通过与埃拉托色尼筛法相似却不同的过程构建了一个数列。他把用这种构建方法产生的数称为幸运数,因为这些数字幸运地漏过了筛网。在很多重要的方面,幸运数与素数有着一定的相似性。

我们以正整数数列开始,首先划去所有的偶数,只保留奇数。第二个整数是 3,于是我们再把这个数列的第 3, 6, 9, … 个数划去,以此类推。

$$1 \quad 3 \quad 7 \quad 9 \quad 13 \quad 15 \quad 19 \quad 21 \quad \cdots$$

现在,剩下的数列中,第 3 个整数是 7,那么我们把第 7, 14, 21, … 个数划去。第一个被划去的数是 19。此时,剩下的第四个数为 9,于是再划去第 9, 18, 27, … 个数。如此重复这个过程,我们可以得到如下的幸运数数列:

1	3	7	9	13	15	21	25	31	33	37	43
49	51	63	67	69	73	75	79	87	93	99	105
111	115	127	129	133	135	141	151	...			

这个幸运数与素数有着很多相同的性质。首先,它们在个数上大致相等。下面是素数个数与幸运数个数的比较:

	素数	幸运数
< 100	25	23
< 1000	168	153
< 10000	1229	1118
< 100000	9592	8772

[Schneider 2002:Lucky Numbers]

随着数值的增大,素数和幸运数都变得越来越少,并且其减少的幅度大致相同。因此,小于 n 的幸运数个数也约等于 $n/\log n$。

如同存在孪生素数一样,也存在着孪生幸运数。最小的几对孪生幸运数分别是:$1-3,7-9,13-15,31-33,49-51,67-69,73-75,\cdots$。在小于 1000 的幸运数中,共有 33 对孪生幸运数。与此相应的是,在小于 1000 的素数中,有 35 对孪生素数。

哥德巴赫猜想是关于素数的,不过套用到幸运数上,幸运数哥德巴赫猜想很可能也成立。施耐德(Walter Schneider)使用计算机进行验证到 10^{10},证明了从 1 到 10^{10} 的所有偶数都是两个幸运数的和。

不仅如此,符合 $4n+1$、$4n+3$ 形式的幸运数和素数个数也大致相当。不过幸运数不存在 $3n+2$ 的形式,因为在乌兰筛法的第二步,这样的数就已经被筛除了。

通过筛法还能够产生更多的序列,它们都有着这样的共性吗? 数学家们很好奇。因为无论素数和幸运数有着什么样的共性,都尚未触及素数的特殊性质的核心。

面纱背后的数学对象

这里有两个二次函数：$x^2 + 10 - 7x$ 和 $x^2 + 10 - 6x$。第一个函数图像与 x 轴有两个交点 $(2,0)$、$(5,0)$，但第二个函数图像与 x 轴则没有交点，看上去没有实数根。

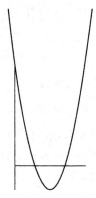 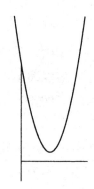

图 18-1　抛物线与 x、y 轴均相交　　　图 18-2　抛物线仅与 y 轴相交

然而，通过代数的方法，我们可以求得第二个函数有两个根：$3 + \sqrt{-1}$ 和 $3 - \sqrt{-1}$，这就涉及了"-1 的开方"。该怎么理解呢？最先遇到这个奇异对象的数学家们，抱着既好奇又谨慎的态度。他们提出了虚的概念来与实相对应，并且有倾向于认为它是荒谬的。它们到底可能意味着什么呢？简单地说这个问题本身就不对，更好的提问是"它们应当代表什么含义呢，我们应当赋予它们什么含义才能在使它们在这样的场景下最大程度上'有意义'呢？"

从我们的角度来看初等代数，就像看一个游戏一样，我们首先想到的是引入 $\sqrt{-1}$ 不过是在游戏中引入了一个新的棋子。但要想坦然地这么做，我们首先得保证不会陷入困境，保证引入负数的平方根不与游戏的其他方面发生冲突。我们可以先"走着瞧"。引入 $\sqrt{-1}$ 后，基本代数仍然适用吗？其他负数的根要怎么办呢？是的，我们有办法。引入 $\sqrt{-1}$ 后，加减乘除的四则运算仍然适用，即便是幂的概念也仍然适用。例如：

$$(1 + \sqrt{-3})^4 = (1 + \sqrt{-3})^2 (1 + \sqrt{-3})^2 = (1 + 2\sqrt{-3} - 3)^2$$

$$= (2\sqrt{-3} - 2)^2 \qquad\qquad = -12 - 8\sqrt{-3} + 4$$

$$= -8 - 8\sqrt{-3} \qquad\qquad = -8(1 + \sqrt{-3})$$

这表示 $(1 + \sqrt{-3})^3 = -8$,因此 $(1 + \sqrt{-3})^3$ 是 -8 的立方根。如果考虑复数,那么 -8 应该有 3 个根,分别是 -2、$(1 + \sqrt{-3})$ 和第三个根。由于三个根相乘应为 -8,那么第三个根应为:$\dfrac{8}{2(1 + \sqrt{-3})}$。

或:$\dfrac{4}{1 + \sqrt{-3}} = \dfrac{4(1 - \sqrt{-3})}{(1 - \sqrt{-3})(1 + \sqrt{-3})} = \dfrac{4(1 - \sqrt{-3})}{4} = 1 - \sqrt{-3}$。

也就是说,-8 的三个立方根分别是:-2、$1 \pm \sqrt{-3}$。答对了!

$$(1 - \sqrt{-3})^3 = 1 - 3\sqrt{-3} + 3(\sqrt{-3})^2 + (-\sqrt{-3})^3 = -8。$$

对于复数进行的运算尝试似乎永远不会遇到自相矛盾之处。这使我们大受鼓励甚至大为确信,但这并没有证明什么。

另一个可能的瑕疵又当如何?对于像 $i^2 = -1$ 这样定义一个数,可能会有两种甚至更多的定义方法。让我们假设存在两个不同的 -1 的平方根,并且都满足运算规则。我们把它们称为 i 和 j,于是有:$i^2 = -1$ 且 $j^2 = -1$。

那么有:$i^2 - j^2 = 0$;根据因式分解,有:$(i - j)(i + j) = 0$ 于是,要么 $i - j = 0$ 故 $i = j$;要么 $i + j = 0$ 故 $i = -j$。

第一种解释告诉我们 -1 的根只有一个;第二种解释告诉我们如果 i 是 -1 的根,那么 $-i$ 也是。这一点可行,因为我们已经知道,比如,把负数根也考虑进去的话,4 有两个根,分别是 $+2$ 和 -2。于是如果 $i^2 = -1$,我们可以推测 $(-i)^2 = -1$。同样,回到恒等式:

$$(1 + i)(1 - i) = 1^2 - i^2$$

若 $i = \sqrt{-1}$,则 $i^2 = -1$。那么:

$$(1 + i)(1 - i) = 1 + 1 = 2$$

看上去很奇怪,因为我们一般认为 2 是素数。但一旦引入了 $\sqrt{-1}$ 就有了整数因数!在因数 $1 + i$ 中,1 是整数而 $i = \sqrt{-1}$ 是复整数,因此 $1 + i$ 也看作是复整数。

　　因此,看上去,为了与我们的新发现一致,我们必须要调整整数因数的概念了。不过,对于数学家而言这并不算什么大问题。随着对数学世界越来越深入的探索,修改定义是数学家们时不时地会做的事。

证明一致性

阿根(Jean Robert Argand,1768—1822)解决了一致性问题的证明。他所使用的方法在当时独树一帜,今天却早已为人熟知:他通过一个模型,展示复数可以用几何学的方法展示在平面上。

水平方向的坐标轴代表实数,在此基础上我们又建立了独立的、代表虚数的垂直方向坐标轴。在图18-3中显示的是1+3i、4-i,以及它们的和5+2i。这样,复数的加减就成了(使用现代的说法)向量的加减,也就完全不会造成问题了。乘法略为复杂但阿根仍然有办法解决。每个复数都被看作一个向量,可以用长度和与实轴的夹角来表示。

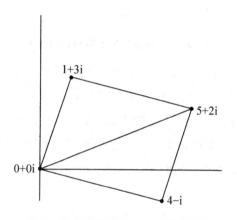

图18-3 复平面里的长方形及其顶点

例如,由毕达哥拉斯定理可知,$1+3i$ 长度为 $\sqrt{10}$,与实轴夹角为 $\tan^{-1}3$ 或 $71.565°$。$4-i$ 的长度为 $\sqrt{17}$,与实轴夹角为 $-14.036°$。

现在,我们分别通过代数法和阿根的图解法计算 $(1+3i)(4-i)$。代数法计算可知 $(1+3i)(4-i)=4+12i-i+3=7+11i$。长度为 $\sqrt{170}$,与实轴的夹角为 $\tan^{-1}\dfrac{11}{7}=57.529°$。

在阿根的图上,我们将其长度相乘、角度相加,有:长度 $\sqrt{17}\times\sqrt{10}=\sqrt{170}$,角度 $71.565-14.036=57.529$。这一匹配完美吻合,甚至考虑了

3 个角度的舍入误差。

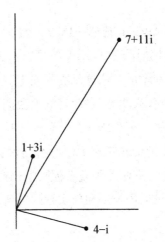

图18-4　阿根图解法表示两数乘积

　　阿根证明了代数法和图解法求得的复数乘积永远一致，并且复数的初等代数运算等价于欧氏几何中常见的角度和类似三角形的运算。现在我们完全有信心将 $\sqrt{-1}$ 引入日常代数，而不会发生冲突。

　　复数的概念为我们展示了一个全新的看待"数"的角度——可以是方程的根，可以是代表它们的图形，也可以是其他很多主题。下一个例子没有那么强大，却展示了表面看似复杂的问题如何奇迹般地通过变换得到解决，这个例子将给我们带来全新的、震撼的视角。

结构变换,视角转换

反演是一种巧妙的手法,可以将平面上的任何几何图形通过参考圆变换为另一种形式。参考圆的半径为 r、圆心为 O;O 即为反演中心。

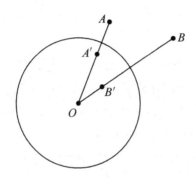

图 18-5　圆内反演

对于已知的点 A,其反演后的对应点为 A'。A' 是点 A 与圆心 O 相连后直线 OA 上的点,且有 $AO \cdot A'O = r^2$。(你还可以在三维空间中使用球体来反演)。反演的发明人为施泰纳(Jakob Steiner,1796—1863)。反演的有力之处在于其基本特性非常简洁:

1. 不经过点 O 的直线在反演后成为经过点 O 的圆,反之亦然。

2. 不经过点 O 的圆反演后成为不经过点 O 的圆。

3. 当且仅当圆与参考圆正交时,其反演后保持不变。

4. 一个圆的圆心与其反演后圆的圆心与 O 共线。

5. 角度在反演后不变。

6. 任意一对非同心圆在反演后可成为一对同心圆。

7. 反演的反演是其本身。

8. 切线反演后仍为切线,相切圆反演后仍为相切圆。

施泰纳推论阐明描述了反演的作用。

在图 18-6 中,P、Q 是两个非同心圆。圆 A 与 P、Q 两个圆均相切;同样圆 B 与 A、P、Q 三个圆均相切。随后又有圆 C 与 B、P、Q 三个圆相切。如此往复,形成一系列的圆。施泰纳推论指出:当且仅当最后一个圆

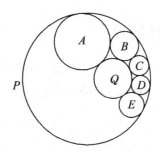

图 18 - 6　施泰纳推论的起始图形

与 A 相切时,则无论 A 的初始位置在何处均可成立。

这里有个例子。初始的两个圆 P 和 Q 之间的空间有一组 6 个依次相切的圆(这个例子非常适合使用 Java 和一个标准几何软件包进行动画演示,网上能找到许多程序可以演示排列成链状的一串圆在初始圆中平滑地滑动)。

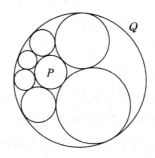

图 18 - 7　施泰纳推论的一个例子

施泰纳推论指出,在这一圆链中,无论第一个圆的初始位置在哪,最后一个圆必定与第一个相切。这个看上去很优美的定理要如何证明?非常简单。我们可以选择一个反演点,将圆 P 和圆 Q 反演为两个同心圆(如图 18 - 8 所示)。如此一来,6 个不同的圆在反演后成为 P 与 Q 之间 6 个完全相同的圆。

这个反演总是成立的,因为它遵循的是反演的基本性质。施泰纳推论于是又指出:此时我们可以对这 6 个圆组成的链进行旋转,就好像在机械轴承中完全相同的小球一样,而这一点的确可以说是显而易见的。于是我们可以得出结论:施泰纳的原始推论也是正确的。

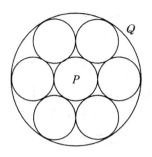

图 18-8 施泰纳推论的反演例子

还有一点值得注意,施泰纳 N 个圆的推论图都有着额外的性质,在图 18-9 中,8 个切点被结合成为 4 对分别连线。根据七圆定理(第 11 章《七圆定理与其他新的定理》一节),它们是共点的。

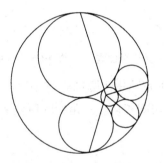

图 18-9 4 个圆组成的链和共点图

上述链中每一对相继相切圆对的公共切线也在同一点共点。

在图 18-10 中,另外三条通过三对切点的直线也是共点的。

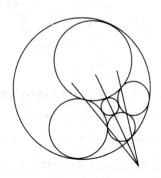

图 18-10 4 个圆形成的链和另一个共点图

这里展示的只是一些典型的图形，还有更多的我们就不再展示了。如果读者们有兴趣，可以搜索一下。

彭赛列(Jean-Victor Poncelet, 1788—1867)发现了几个非常不同的推论。在图 18‐11 中，三角形 ABC 的顶点位于圆 P 上，而其三条边与圆 Q 相切。彭赛列推论指出，无论顶点 A 在圆上如何移动，只要边 BC 保持与内圆相切，这个三角形就仍然完整。

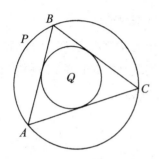 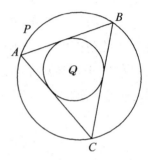

图 18‐11　彭赛列推论‐第一个位置　　图 18‐12　彭赛列推论‐第二个位置

"同样"的定理一般也适用于圆锥曲线：图 18‐13 中三角形三个顶点位于抛物线上，三条边与圆相切。三角形的顶点 A、B、C 可以任意移动。

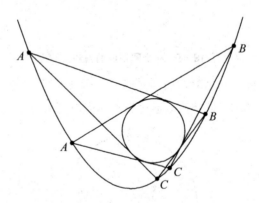

图 18‐13　三角形、圆和抛物线的推论

[steiner. math. nthu. edu. tw/disk3/cabrijava/poncelet-porism. html]

隐藏的数学结构又一次浮现，产生的图形具有很多我们期望从数学之美中找到的特性：简洁、神秘(或揭开神秘)还有惊人。同时进一步提问：彭赛列推论要想成立，圆和抛物线之间必须要有什么样的相对位置呢？

第19章 数学与美

对于数学的美,纯数学家已经写下了无数溢美之词。任何读到这些赞美的人都会认为数学和绘画、音乐或诗词一样是一门艺术。似乎越是伟大的数学家就越是感叹数学的美。费马曾经在给友人的信中如此写道:"我发现了大量极其优美的定理。"毫无疑问,他脑海里的其中一个定理就是:任何具有 $4n+1$ 形式的素数都可写作两个自然数的平方和。例如:

$$5 = 2^2 + 1^2 \qquad 29 = 5^2 + 2^2$$

$$13 = 3^2 + 2^2 \qquad 37 = 6^2 + 1^2$$

$$17 = 4^2 + 1^2 \qquad 41 = 5^2 + 4^2$$

等等。相反,若素数是 $4n+3$ 的形式,例如 7 或 19,则永远不可能是两个平方数的和。考虑到素数的神秘性、不规则性和平方的简洁性、规律性,这个结果非常令人惊讶——正因如此,几乎所有的数学家都认为这个定理极具美感。

牛顿曾经写信给伦敦英国皇家学会秘书长欧登堡(Henry Oldenburg),信中写道:

当我读到来自伟大的莱布尼茨和契尔恩豪斯(Tschirnhaus)的来信时,几乎无法用语言来描述我的喜悦之情。莱布尼茨获取收敛级数的方法无疑非常优雅简洁……

[Newton 1676]

我们此前已经介绍过莱布尼茨级数：

$\pi/4 = 1 - 1/3 + 1/5 - 1/7 + 1/9 - \cdots$

还有什么能比这个级数更简洁也更出人意料的呢？谁会想到圆的周长与直径之比竟然与整数的倒数有关呢？

数学是美的，但数学家不只是沉醉于美，还以此评判成功和作为工作的指引——当然，一切指引偶尔也有失败之时。庞加莱曾经解释道：

> 当数学家们脑海中灵光乍现的时候……这样的情景时不时地会发生……但未必经得起推敲证实……我们观察到，这些想法几乎都是错误的，而一旦是真的，就会被奉为是数学的优雅自然本性。

[Poincaré 1914]

庞加莱的意思是，数学家们对于美学的感觉如此之强烈，以至于他们可能因此误入歧途！请注意庞加莱这里说的证实，数学家们指的是证明。数学家们一直在猜测，但只有证明才能证实他们的结论。

美学评价这样一个强大的心理学力量，尽管具有强烈的个人色彩和个体差异，如何引领人们走向成功的数学？这是我们在接下来的两章内所要讨论的主题。

哈代论数学和国际象棋

哈代是一位纯到不能再纯的纯数学家,他不是英国国教徒,憎恶战争、宗教,甚至为曾经在罗马天主教堂工作而悔恨。[Hardy 1941:Intro.]他曾经说过一段著名的话:

> 数学家和画家、诗人一样,是创造规律模式的人。如果说数学家所创造出的规律更为永恒,那是因为他们是用思想来创造的。
>
> [Hardy 1941/1969:84]

他藐视数学在各种场景的应用,还曾经表达过希望自己的任何发现都不要具有实际用途的意愿。他错了,尽管公正地说他对应用数学做出了一定的贡献——遗传学中的哈代 - 温伯格定理,最初此定理并不是作为数学论文发表的,而是作为写给《科学》(Science)杂志的一封信寄出。信的开头,他写道:"我希望生物学家能够了解并熟悉下面这个非常简单的观点",并进一步指出遗传学中涉及的数学问题,像是"数学的乘法表一类小伎俩",因而为《科学》杂志读者解惑了。[Hardy 1908]

我们今天要讲的是,哈代为数学和国际象棋、数学谜题间同样建立了美学联系。

> 事实上,很少有比数学更具有"流行性"的东西。很多人对数学有一定的鉴赏力,正如很多人可以欣赏优美的曲子一样。几乎所有的文明社会中都会涌现大量国际象棋爱好者……而每个国际象棋爱好者都能鉴别、欣赏游戏或问题的优美之处。然而国际象棋问题只是纯粹数学的应用……而任何将问题与"优美"联系在一起的人本质上都是在赞美其数学之美……我们同样可以……从报纸的解谜专栏学到这一点。解谜专栏的迅速火爆是对数学计算能力的致敬,也是对数学解谜制作者们的致

敬。……谜题的制作者越好……越少用到其他东西。他们了解自身的工作,公众们想要的不过是一点点小小的"脑筋急转弯",而没有什么比数学急转弯更为契合需要了。

[Hardy, 1941/1969:86-88]

哈代无疑是正确的,但他的言论在给出回答的同时又引出了更多新的问题。千百万人感受到了数学和谜题的"急转弯"的优美——但同样有千百万人没有感受到。这是为什么? 这些"急转弯"该如何与数学成就联系起来?

经验与期望

生而为人，我们既会因为期望被满足而感到愉悦，也会因为期望未被满足而感到愉悦——那就是当我们感到惊讶之时！当我们看到一个视觉图形，听到一段节奏重复的音乐，或一段旋律多次重复的乐曲时，我们会因为期望被满足而获得美学意义上的愉悦感；但同样，我们也会因为这样的规律中断而"灵光乍现"，因为这意味着可能存在不同的——甚至是更深层次的——规律。

只会画直线和抛物线的学生们，可能会因为第一次遇到渐近线而印象深刻——不是稳定地朝向图纸的边缘延伸，而是沿着图形边界延伸。渐近线还有一个奇怪的特性，即曲线越来越靠近它，但永远不会与它相交——这是一个极限的例子，另一个能轻易吸引孩子们的与直觉相违背的话题。

期望满足和期望惊讶，这双重效果在数学中体现得尤为突出。我们对数学如此有信心，因此我们的期望绝大多数时间总是被满足的——除了它们不可思议地让我们感到困惑之时。

这给老师们制造了潜在的双重限制：学生们一方面需要足够的经验才能发展出期望，然后才能令他们产生惊讶、困惑。那么老师们要如何才能令学生们产生美好的数学经历从而使他们开始对数学感兴趣？这其中一种方法就是通过学生们或多或少已经有所熟悉的数学游戏。

数学对象和证明有着相同的作用——结构、规律或出人意料的"急转弯"，比如说，一个智慧的、优雅的证明，可以引出一个出人意料的想法。

国际象棋和数学：美与才华

在英国，人们称国际象棋为"才华之赛"，而在欧洲大陆则被称为"美妙之赛"。国际象棋之所以获得这些美誉，不仅仅是因为想要在国际象棋中获胜，需要有预知棋路的远见。棋艺固然重要，但战略也同样重要。而伟大的象棋选手必定是两者兼备。阿廖欣在与蕾蒂(Reti)的一场著名对弈[Reti-Alekhine，Baden-Baden 1925]中曾经展现出来惊人的远见。但这只是国际象棋魅力的一小部分。才华横溢的战术家施皮尔曼(Rudolph Spielmann)曾经大呼："我可以和阿廖欣一样看到各种组合，但不能达到他的高度！"他迫切需要的是战略深度。鲍特维尼克(Botwinnik)在1938年阿佛罗(AVRO)锦标赛上曾经对战当时的世界冠军卡帕夫兰卡(Capablanca)，这场对弈与其说是战火纷飞的对阵，不如说是战略的巨作。

数学也同国际象棋一样，仅仅只是计算是不够的。想象力和洞察力对于创造美，似有理的策略或结构的深度，是必需的。

美、类比与结构

游戏的规则创造出的结构有一个神秘之美,因为它们很难被发现。落后兵既脆弱,又存在动态可能性,这一微妙平衡对于当今的国际象棋棋手来说能够轻易体会,但这一特征的发现花费了数个世纪。

心理学家曾经研究了"啊哈!"中的情绪体验:恍然大悟,你终于"发现了",不管它可能是什么。这种情绪体验非常类似于哈代所说的"急转弯"。它取决于对事物进行关联并发现其中意想不到的联系,所以它依赖结构,尤其是依赖极优美的类比。我们甚至可以说,这相当于"买一送一"了。

另一方面,神秘性所带来的挑战可以是美的——即使这一神秘性被阐明,这一美感也能够得以保留,因为是神秘性启发了灵感。无论怎样,数学家都是"双赢"。

国际象棋选手也是如此。大师巡回赛的观众看着巨大棋盘上大师正在下的棋,可能会对棋手的某一步棋(甚至某几步棋)大惑不解,不过在隔壁的评论室内,另一位大师级评论员可能很快就会阐明其中的奥秘。评论员会阐述它们究竟是"神来之笔"还是一步臭棋。这样的谜团和答案之间也存在着美。

然而,神秘感依赖于呈现的方式。如果向毫无经验的学生干巴巴地阐述直角三角形中的毕达哥拉斯定理,那么学生不会感到有趣,教学也会失败。但如果用毕达哥拉斯定理来推测教室对角线的长度,学生们就会感到惊讶,也会更容易理解。

亨利(Jim Henle)称罗马数学为"遥远而陌生"的数学;勒里奥内(François Le Lionnais)也曾区分"古典美"和"罗马美"。我们或许可以认为芒德布罗集合的美是一种"罗马美"。

图 19-1 是芒德布罗集合。图 19-2 是朱利亚集合,每个部

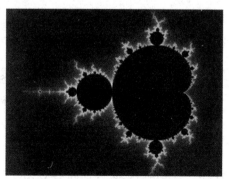

图 19-1　芒德布罗集合

分有一个定心孔。当一个选定点位于芒德布罗集合外时,其朱利亚集合将分裂为若干不相连的碎片。选定的点距离越远,朱利亚集合也就越支离破碎,每一个外点都产生了一片独特、美丽的法图粉尘的云。

图 19-2   朱利亚集合

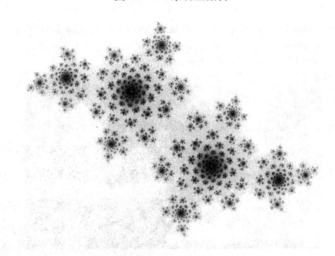

图 19-3   法图粉尘

[Diagram by John Sharp]

当面对陌生事物时,我们会感到"遥远而陌生",但一旦熟悉以后,这种感觉会迅速消失得无影无踪。准确而言,这种感觉并不是消散了,而是转化了,是的,至少对于那些有历史感的事物是这样[Henle 1996:21][Lionnais,Le 2004]。

感知中的美和个体差异

情人眼里出西施。

虽然是陈词滥调，但这句话同样适用于数学家们。当代数学的领域如此之广，以至于数学家们往往只熟悉一个小角落，而对他们知之甚少的领域，必然缺乏做出精妙美学判断所必需的深度理解。

《数学信使》(*Mathematical Intelligencer*)曾经向读者调研"哪一个最美?"[Wells 1988:30-31]这一问卷调查设计的目的是验证一个貌似有理的主张：数学家们对于数学的美的判断意见不一，不像艺术爱好者一致选出最爱绘画作品，或音乐爱好者对贝多芬、莫扎特的一致推崇。这一问卷的选项都是初等的，以便调查对象或多或少对所有问题都有所了解(不过可以看一下对拉马努金的评论)。

这一问卷获得了很好的反响。在问卷的开头，引用了几个著名评论，例如，冯·诺依曼评论说："有人认为(数学家的)选择依据、成功标准主要是美学意义上的，我认为这样的说法是正确的。"[von Neumann 1947:2053]庞加莱对这个现象的评论是："所有数学家都能体会美，而其中的有用组合又恰好是美中之美。"[Poincaré 1914:59]换而言之，美对于数学并不是附加项也不是赠品。对于美的关注并不是一个可有可无的选项，而是数学创造性的根本特征。

问卷的引言部分还同时引用了不少被认为是"优美"的数学定理、证明、概念和策略。然后，问卷共给出了 24 个定理，并要求读者们从 0 分到 10 分为这些定理打分。得分越高代表他们认为其美的程度也越高。同时，还可以加上任何他们认为合适的评论。

读者们的反馈并不难预料——他们总是在一些问题上一致，而在另一些问题上分歧——但是，令人吃惊的是一些分歧非常极端。

欧拉公式 $e^{i\pi} = -1$ 以 10 分制中的 7.7 分的平均得分排名第一，但一些读者认为这个公式过于平淡、过于熟悉，不该得到高分。

排名第二的仍然是欧拉，他的多面体公式 $V + F = E + 2$ 紧随其后，与"素数是无穷的"并列获得 7.5 分。令人最意外的是在排名的另一端，并列倒数第一的是大数学家拉马努金的一个分拆恒等式,仅仅25年前李特尔伍德还称赞其"具有至高美感"。这个恒等式是这样的,若$p(n)$是n的分拆数,则:

$$p(4) + p(9)x + p(14)x^2 + \cdots = \frac{5\left[\,(1-x^5)(1-x^{10})(1-x^{15})\cdots\,\right]^5}{\left[\,(1-x)(1-x^2)(1-x^3)\cdots\,\right]^6}$$

[Littlewood 1963 : 85]

这是不是说明审美品位在如此短的时间内发生了翻天覆地的变化?还是说李特尔伍德也许在当时也是"品位特殊"?毫无疑问,品味确实会发生变化,但这也符合冯·诺依曼和庞加莱的说法,即:数学家们欣赏其研究的相关领域的美。而分拆理论是非常特殊的数学理论。我个人非常赞同陀聂提(Tito Tonietti),他认为"即使是数学中的美也不能脱离历史和文化背景,因此最好不要作数字化的解读。"

读者们给出的选择理由有略为更多的共同之处。好几位读者认为不能将定理与其证明方式、背景或灵感区分开来。但几乎每个人都同意简单明了是一个加分点。辛马斯特(David Singmaster)给费马定理关于$4n+1$形式的素数都能唯一地表示为两个自然数的平方和这个猜想打了低分,因为它没有简单的证明。而我个人倾向于给这个定理打高分,因为这个定理如此神秘,如此具有深层次的意义。最美的作品,应该是诗词短句,还是长篇交响乐章?有没有可能看上去的深度只是意味着我们还未彻底理解这个定理?同样,简单与意外也形成了反差。$13+17=30$非常简单,但毫无意外可言,而费马定理既简单也令人意外。

趣味与理性的微妙关系 游戏遇见数学

"博大派"vs."精深派"

调查回答者没有重视另一个肯定存在的差异。如杰出青年数学家、很久前已成为世界级物理学家的戴森(Freeman Dyson)曾经解释道:

> 数学不赶时髦,主要关注那些出人意料地美的事物、特殊函数、特定数域、例外代数和分散有限群。我认为下一场物理学的革命将孕育在这些无序的、自由的数学领域中。它们有着陌生性、意外性。它们与布尔巴基(Bourbaki)学派的逻辑结构并不完全契合。但正是因为这样,我们才应当更精细呵护、培养它们。切记培根(Francis Bacon)的名言:但凡美丽,其中必有些许不凡之处。

[Dyson 1983:47]

戴森的观点可能是正确的:科学家们普遍认为量子力学、量子混沌系统、黎曼 Zeta 函数和随机矩阵之间存在着深刻的内在联系。

数学家们经常发现进步就隐藏在使奇异数学现象具有意义的过程中——这也是出人意料的,我们在复"虚"数的例子中已经看到这一点。

戴森还说:"各种数学发现之间仅有的共同之处就在于它们都有具体的、经验主义的、偶然的品质,是与布尔巴基精神直接对立的。"

布尔巴基是一群推崇极端形式和抽象数学的法国数学家所用的假名。他们对于不符合布尔巴基模式和品味的任何事物都持无视的态度。他们的观点一度非常流行,影响也极为深远,其中臭名昭著的例子就是 1960 年代的学校"新数学运动",不过这一风潮随后衰退了。

哈尔莫斯(Paul Halmos)也强调过类似的对比:

> 施泰因(Stein)的调和分析和谢拉赫(Shelah)的集合论,似乎是两种完全相反的、对待数学的心理态度……这两者之间的差异大致可以用"专"和"通"来描述(只是建议,不准确)。施泰

因讨论奇异积分……谢拉赫则在早年曾经表示'我热爱数学是因为热爱一般性。'他开展的工作是分类结构，其元素是结构的结构的结构。

[Halmos 1987:20]

可以打包票的是：谢拉赫如今已是成就斐然的数学家，在以色列耶路撒冷的希伯来大学和美国罗格斯大学任教。他更为赞同布尔巴基学派。

另一方面，即使是最为"例外"的对象，例如分散有限群被认为与数学的其他领域有着一定的联系[Stillwell 1998]。我们可以再次引用希尔伯特的话作为结语："如果心中没有明确的问题，而想要寻找能够适用于一切问题的方法，注定是徒劳的。"

美，形式与理解

对于数学家而言，美就像希腊神话中的神，引领着他们去洞察和理解。而美又在加深、改变他们对初始问题的形式的观念，强调他们原始美学判断的时间本质。但这并非坏事，因为随着时间推移，新的美学观念会引出新的问题、带动新的观念。下面就是这样一个例子。

欧拉关系式 $e^{i\pi} = -1$ 是他的公式的一个特例：

由此
$$e^{ih} = \cos h + i\sin h$$
$$e^{-ih} = \cos h - i\sin h$$

故 $\quad 1 = e^{ih} \times e^{-ih} = (\cos h + i\sin h) \times (\cos h - i\sin h) = \cos^2 h + \sin^2 h$

因此
$$\cos^2 h + \sin^2 h = 1$$

这一广为人知的公式与毕达哥拉斯定理等价，并且无论从哪种意义上看都极具美感（对大多数数学家而言！）。如果我们把 $\sin x$ 和 $\cos x$ 的级数写下来，这一公式的美感又将如何发生变化？是变得更美还是变得平淡呢？

$$\sin x = x - \frac{x^3}{3!} + \frac{x^5}{5!} - \frac{x^7}{7!} + \frac{x^9}{9!} - \cdots$$

$$\cos x = 1 - \frac{x^2}{2!} + \frac{x^4}{4!} - \frac{x^6}{6!} + \frac{x^8}{8!} - \cdots$$

然后试着对其进行平方（永远也乘不完），这时你会意识到乘积中每个 x 的奇数次幂的系数都是 0，而偶数次幂，除了 $x^0 = 1$ 以外，可以表示为：

项	由 $\sin x$	由 $\cos x$	合计
x^2	$1x^2$	$-2 \cdot 1 \cdot \dfrac{x^2}{2}$	0
x^4	$-2 \cdot \dfrac{x^4}{3!}$	$\dfrac{x^4}{2!2!} + \dfrac{2x^4}{4!}$	0
x^6	$\dfrac{x^6}{3!3!} + \dfrac{2x^6}{5!}$	$\dfrac{-2 \cdot x^6}{2!4!} - \dfrac{2 \cdot x^6}{6!}$	0

……等等，诸如此类？

这个野蛮计算法本身并不简洁优雅。但另一方面，将求和后x^{2n}的系数写下来，你会发现一个恒等的数列，从x^6项开始：

$$\frac{1}{3!3!}+\frac{2}{5!}=\frac{2}{2!4!}+\frac{2}{6!}$$

此外，更高阶系数中也存在类似的恒等，即使不明显。所以这样的野蛮计算也蕴藏着一些深层次的特性——事实上它也在提示一种可能的猜想：如果一个函数用幂级数表示恒等于零，那么其所有系数必为零。这个猜想恰好是正确的，也是一个深层次的定理。

美固然依赖于形式，但反过来形式也依赖于美。人类的聪慧才智使我们能够发现两者之间的联系，这令我们在逐渐深入探索的同时能够在每一步中找到灵感、找到乐趣。不同的形式体现的是迥然不同的特性，即使对规律和美最为敏感的人，也无法将所有问题中的美全部发现。

第 20 章　起源：日常生活中的形式

　　树叶上的脉络、蜿蜒曲折的河流、振翅飞舞的蝴蝶、葡萄藤上的结节、河面上的涟漪、岩石中的晶体、虎皮上的斑纹——这些大自然的图案令人震撼，难以忘怀。然而，即使是最为简单的图形也必须由人脑来辨识，因为人脑历经千万年的进化，可以自动识别出各种形状，例如棒状与带状。石器时代留于洞穴中的壁画即已包含图形的雏形，而现在仍有不少部落人群仍然遵照自有的审美理念对自己的身体进行装饰。

　　织造的发明不仅使早期人类能够在严寒和不宜居的气候下生存，而且也使得设计更复杂的图案成为可能。凯尔特人的复杂"绳结"包含了横向、纵向两个方向的重复编织，并以上下针的针法编织出图案。长久以来，海员们不仅把编织这类绳结当作一种必要的实用技能，也当作一种装饰艺术形式。

　　亚里士多德曾经写道，美由秩序、比例和精确三个要素组成[*Metaphysics* XIII，M，iii]。可以想象，在传统建筑领域我们常常能够发现这些特征。达·芬奇曾经说："不要让不懂数学的人读我的作品。"西方世界的艺术作品几乎总是与数学、比例联系在一起的。

　　语言艺术也表现出相似的特性。诗词可谓古代文学作品的鼻祖，它利用了声音和节奏的规律，还有含义中的模式，这就是语言的图形化，为了具有娱乐和教育的双重意义。

传统舞蹈极富仪式感,其配乐也是建立在音阶、和弦和节奏的规律上的。莱布尼茨曾经说过:"(音乐)是人类灵魂的享受,而在享受音乐的过程中,人们又是在不知不觉中进行着'计数'。"

音乐,尤其是打鼓,与军事训练也有着密切联系。这是高度形式化的,与实际战场上血腥、混乱的场景大为不同。古希腊人在奥林匹亚进行的竞技活动中包含一项名为 *Apobates* 的比赛。比赛时,选手们全副武装,从全速前进的战车上下车、再上车。这是一种由军事技能演化而来的形式化的比赛项目[Reed 1998]。

敲钟也是另一项古老的传统。钟声的变化、响声与数学的群论密切相关。不过,群论的发展毫无疑问比实际的铃声要晚得多。就好像在国际象棋诞生几百年后才有了现代国际象棋分析。

剧院是与音乐、舞蹈、诗歌紧密相连的,也与游戏化、形式化相联系。几乎所有地区的宗教活动场所(如教堂)多少都具有执行仪式的形式,这一点与剧院异曲同工,必须严格遵循才能灵验。

如果你不幸被卷入一场诉讼纠纷中,那么你将又一次遇到形式(甚至是冗长的仪式)。在法庭上,你不能率性而为:这是一个异常严肃的场合,法官会要求你严格遵守规则和程序。这就产生语言方面的问题,因为日常用语太不形式和游戏化:生与死、自由与牢狱就取决于使用的术语含义。用词有没有威胁杀死被告意图? 合同是否约束签署人修理屋顶? 所使用的文字是否构成诽谤,或仅仅只是普通的指责? 术语"轮转"是否必定特指委托人的虚构?

古老的修辞艺术把语言作为一个游戏化的手段看待,其中包含你争我夺的对抗,对手利用动议和反动议,通过修辞可以深思熟虑地构建出既优雅又有说服力的论据——而这两者在现实中是密不可分的。正是因为这样,亚里士多德曾经将辩论的目的、规则与他的逻辑三段论相结合。

法律也取决于逻辑,即使是律师们用修辞的手段向听众施展有说服力的证据时亦不例外。哲学家的"逻辑定律"非常之形式化,以至于无论在法庭还是日常生活中都极少以赤裸的抽象形式出现,但一个论据可能被法庭接受或因为缺乏逻辑而遭拒绝。法律和司法体系是高度,但不完美地形式化的。为使透明度和游戏化达到最大化，存在一场持续的斗争。

　　商业办事处在要求一定程度的形式化的同时，为游戏化的操控、角色扮演和人们玩游戏提供一个活动场所。这是伯恩（Eric Berne）在他的著作《游戏人间》（Games People Play）中所做的著名分析。俗语常说："你的对策是什么？""你在玩什么？"表明我们也常意识到在日常生活中也存在不少游戏化事物，而资深社会玩家更是常常"谋而后动"。

　　人类学家所知道的每一个人类社会都具有这种形式特征。这是因为我们本能地要求周边环境和每个人都存在"秩序感"。原始社会可能是混乱的、险恶的、神秘的、难以理解的，难怪人们试图通过或多或少严肃的和形式的仪式来掌控世界，而且会被图案和设计所吸引。

　　特征越形式化，就越接近抽象定义。传统舞蹈可以通过语言进行精确描述，但这并不能完美代替舞蹈本身。街头游戏也近乎完全形式化，正如音乐旋律通过合适的音乐符号记录下来以后，变得完全形式化——尽管情感元素和主观元素就流逝了。类似地，不同时间、不同地点举行的宗教仪式也表现出或多或少的一致性。

　　然而日常生活中的大部分是极其非形式化的，并且一点儿也不具备游戏化特征。因此，任何过于强调抽象化游戏作为比喻的人会陷入困境。我们必须同时考虑其形式化和非形式化的两面。

　　如果有一条从完全非形式到完全形式的连续轴，那么抽象棋盘游戏和数学将位于这根轴的同一端。柏拉图曾错误地认为数学是位于特殊的、难以企及的形式范畴：他应该看一下在街头玩游戏的孩童，玩一下他们的碎石堆游戏，观赏一下 Apobates 比赛，听一下音乐，或出席一下希腊法庭和寺庙举行的仪式。那时，他会发现数学正是形式化的唯一一个极端，同时形式化也是社会生活中的必要组成——而玩恰好又是数学的必要方面。

游戏的心理学意义

英语中的"玩耍"一词"Play"起源于古英语中的 *plegian*，意思是练习、消遣，也指表演音乐，具有类似社会活动的含义。然而，社会活动，例如儿童的游戏，并非完全是自发的；相反，这些活动受到风俗和习惯以及创造力的共同影响。

英语中的"游戏"一词"Game"起源于古英语中的 *gamen*，意思是快乐、喜悦、乐趣；它起源于哥特语言，指的是人们聚集在一起，并含有交流和参与的意味。

浪漫主义者会将玩耍与自发联系在一起。但对于这一点，孩子们或许更有发言权。玩耍往往同时具有自发性和形式性。无论是对着墙壁反复拍球，或是在海边的石头上来回跳跃，抑或者搭建沙滩城堡、放风筝等，这些事情都和自发的创造性活动一样具有目标和控制。要是别的孩子想要参与进来，他们自然也需要遵守这些不成文的规定，不然这个游戏很快就玩不下去了。在很多传统的街头游戏中，我们也能看到这一点。

和许多游戏一样，"橙子和柠檬"游戏有着伴唱的童谣。这就是一种形式化的特征，孩子们是这样边唱边玩的：

> 圣克莱门斯的钟说"橙子和柠檬"；
> 圣马丁斯的钟说"你欠我五个铜币"；
> 老贝利的钟说"你啥时候付我钱？"
> 鲍的大钟说"我也不知道"；
> 嗨一支蜡烛来了照亮你上床；
> 可巧一把斧头来了砍去你的头！

童谣中的钟指代伦敦的老教堂。游戏时，两个孩子被选中充当拱门，他们秘密地商量并决定谁将成为"橙子"，而另一人则成为"柠檬"。游戏时，充当拱门的孩子用身体搭起拱门，而其他孩子们边唱歌边跳舞经过拱门下方。当唱到最后一句末尾时，这两个孩子落下双臂将拱门下的孩子抓住,他悄悄地说"橙子"或者"柠檬",然后被分派站到队伍相应的位置,直到所有的孩子都被抓住为止。

尽管孩子们总是遵守游戏规则,但这并不是说他们不会改变这些规则。他们改变这些游戏规则使得这个街头游戏产生了很多个变种。在这里,偷听的孩子们改编游戏的规则,你正在听到他们"创造形式"。这对孩子们来说,再自然不过。不幸的是,在电视和现在更具吸引力的娱乐的压力下,这些传统游戏很容易失传。

成人游戏或比赛则更为形式化的,尤其是因为他们有一个惯例:裁判、仲裁员总是"对的"。某个球是否过线事实上存在争议,但按惯例由裁判的最终判决给出非此即彼的判定,这就确认了游戏化一面。当然,如今,我们有了先进的电视镜头回放技术。不过,这并不能取代裁判的作用,而是在裁判判决时给予他/她更多的依据。

在游戏中,游戏的参与者往往也会进行种种幻想。这也是当今社会,许多家长因为孩子沉迷于充满暴力、色情的幻想游戏不能自拔而感到痛苦的原因。

心理学家或许会认为这些游戏和幻想有助于孩子们释放焦虑,从而为它们加以辩解——反对意见则驳斥说实现某些幻想会让孩子自我毁灭。但不管怎样,我们可以说,数学家在游戏的同时发挥创造力。冯·诺依曼无疑是伟大且极具非凡个性的数学家,但他同样饱受焦虑之苦。已故的吉安－卡洛·罗塔(Gian－Carlo Rota)在书中是这样评价他的:

> 和许多致力于抽象工作的人一样,冯·诺依曼常常处于极度的自我怀疑之中,需要持续的慰藉。

[Rota 1993:49]

不幸的是,罗塔并未对此加以详细描述。她的话中也隐含一层意思,即抽象观念本身在一定程度上也是抵御焦虑的一种保护。甚至可以说,数学本身也即是一种保护。哲学家怀特黑德(A. N. Whitehead)曾经以此驳斥"事件的偶然性刺激"。

在一个社会中,形式无疑曾经起到控制和镇压动乱以及潜在的无政府状况的历史作用。所以数学和像国际象棋这样的抽象游戏对于个人能起到类似的作用,也就不足为奇了。同样,游戏在精神病学和心理学治疗等领域有着类似的功用也就不足为奇了。游戏代表我们行为的一个极端——形式的、受规则约束的和包容的,而另一个极端,则是完全自发性的行为。但是在许多环境中,我们可以在形式化的设定下表现得比我们得到完全自由时更具有创造力——特别是我们在戴着规则的镣铐创造时。

形式性的起和落

讽刺的是,随着数学爆发性地成长,以及被所有的硬科学,还有现在的软科学大量使用,在更广阔的社会里"形式性"正在减少。我们仍然会区分形式和非形式,例如申请职位时使用正式信件,而感谢朋友邀请时使用非正式的;在面试时使用正式谈话,而和肉店老板使用口头语言;但作为阶级社会自然属性,用于区分不同阶级并作为社交滑润剂的种种"形式性"的繁文缛节在这个崇尚平等自由的社会中,已经渐渐失去了作用。

"正规性"的没落也与科技进步有关。如今,孩子们依然玩街头游戏,但在现代娱乐,包括电脑游戏的压力下,它们正在消失。

过去,正式场合的对话往往必须遵循传统的模式。法国部长若克斯(Louis Joxe)对当时的传统是这样形容的:"对话是一种游戏。如果你必须向对方解释规则,那么就很难玩下去。"[Rothschild, de 1968:111]

亚里士多德也曾经说过:

> 生活中包含休闲,而开玩笑的对话是其中的一种休闲形式。同样,在社会行为、语言措辞、仪表仪态等方面无处不存在着品评一个人品味的某种标准。
>
> [*Nicomachean Ethics* IV, 14, 1128a.]

而今,对话,像舞蹈一样,也日渐通俗。尽管语言学学生仍然可能将对话当作一场有竞争性的对抗反击游戏来分析,我们知道,在错误的场合说了错误的话,后果可能是严重的。

以资产、秩序、地位、阶层为特征的社会,诸多规则被视为理所当然。受过良好教育的男女也会在任何场合仪表端庄恪守立法。这些规则、条例有助于防止混乱、骚动,甚至起到强化秩序、礼法的作用。在更为初级的社会形态中,宗教仪式与形式游戏间的联系特别强烈。

宗教仪式、游戏与数学

如今的我们生活在一个泛娱乐时代。沃尔芬斯坦（Martha Wolfen-stein）早在半个多世纪前便已在她的论文《论娱乐道德观的出现》中做出了预言［Wolfenstein 1958］。事实上，我们也确实期望凡是游戏，就理应具有娱乐性。然而，在原始社会中，游戏是严肃的，是具有宗教性、仪式性和神圣性的。

穆雷（Harold Murray）曾经编写过一本名为《国际象棋之外的棋盘游戏史》（*The history of board - games other than chess*）的书。在书中，他描写了一种锡兰国（今斯里兰卡）的棋盘游戏，这种游戏既是队列游戏，也是抵御恶灵的咒符。他认为美洲当地印第安人玩的赛跑比赛本质上也带有宗教性质。［Murray 1952：236，234］美国人类学家库林（Stewart Culin）是研究印第安部落的专家。他认为棋盘游戏起源于占卜：

> 对比文明社会与原始社会的各种游戏，我们可以看到两者存在诸多相似性；然而，两者最主要的差别在于，在文明社会仅仅被当作消遣娱乐的游戏，在野蛮原始社会则被当作神圣的、预见性的。当然，这也表明现代游戏理论上可能来源于求神和占卜活动。这在一些传统游戏中得以印证，例如运用卡牌占卜吉凶等。
>
> ［Culin 1975］

人类学家范·宾斯堡（Wim van Binsberge）同样将棋盘游戏、占卜行为与"形式模型"和数学直接联系起来。他指出，占卜和棋盘游戏可以有抽象定义，并且受个人影响相对较少。

> 这两者都由现实的极端模型组成，从空间和时间上将日常生活进行高度浓缩……无论是棋盘游戏还是占卜行为，都可适用于现实生活中的场景，其大小如一个战争，一个国家，一个王

国或整个世界,并且延伸到远为更长的时间范围,而不是活动的持续时间……占卜和棋盘游戏都构成了一个可控的微缩世界……十分神奇的是,棋盘游戏和占卜系统都是空间缩小的时间机器。

范·宾斯堡随后指出,这种表达方式有着双向作用:棋盘游戏和占卜都是现实生活的模型,但占卜的结果"随后反馈到现实生活中,通过信息和技能获取,通过声望的重新分配,个人的平衡和恢复的动力,恐惧得以明白地说出和面对。"

占卜和棋盘游戏还引发了奇偶等对立概念,以及初等的计数(例如在播棋中),常常还有一些几何基本概念。最后,范·宾斯堡*还观察到,和数学一样,棋盘游戏和占卜都超越了历史和地理的界限。

---

* 本段主要基于 Binsberge @ www.shikanda.net 的观点。——原注

形式性与数学

在当今的发达西方世界,传统宗教日渐式微。与此同时,数学却已传播至世界的各个角落。我们越来越多地看到数学家们识别出了现实生活中或多或少形式化的缩影,在仔细检查和运用一些抽象观念后,它们可以被看作是数学的。无论你如何思考,无论你从事何种工作,试图解决什么问题,在情景背后、表面之下、很有可能有一个形式的,游戏化的数学结构,抓住了它,你能更好地理解情况。

最近的几百年中,数学的发展与现实主义思潮是齐头并进的,这并非巧合。我们越来越多地透过数学的镜头来看待这个世界,更科学地探索,形式地、游戏化地研究,并且这一过程仍在继续。

20世纪是物理学、宇宙学、化学的世纪,这些学科都深深地依赖于数学。据称,21世纪将是生物学的世纪——这是一个令人惊讶的转折,因为相比真正的"硬"科学,生物学中所使用到的数学微乎其微。然而这一现状维持不了多久了,在高等生物学的新领域里,数学不再缺席,因为随着生物学的发展,我们越渐明显地看到数学结构——比如DNA分子的螺旋结构——也构成了生物有机体的基础。

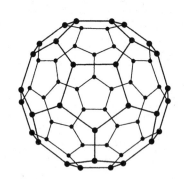

图20-1 巴克明斯特富勒烯分子

图20-1是一个巴克明斯特富勒烯分子结构的正面示意图。由于形似现代足球的表面图案,这一分子也称巴基球或足球烯。人们将这类分子统称富勒烯以纪念伟大的视觉建筑家、设计师和发明人、圆顶建筑的代

表人物巴克明斯特·富勒（Buckminster Fuller）。这一特殊分子结构的发现者克罗托（Harold Kroto）、斯莫利（Richard Smalley）和科尔（Robert Curl）为此获得了1996年诺贝尔化学奖。

巴基球与非常早期的数学对象柏拉图多面体也有关联。巴基球并非完全的正多面体，因为其中一些面是五边形、而另一些面则是六边形。然而，所有的顶点都是一样的。每个顶点都属于两个正六边形和一个正五边形。而且自然，其90条边、32个面和60个顶点也满足欧拉关系式 $F + V = E + 2$。

正六面体本身组合在一起只能形成一个平面。为了组成一个"弯曲球面"形状的闭合曲面，必须要加入五边形。正巧，等价于球面的闭合曲面可以有无数种，它们的表面仅由六边形和五边形组成，并且每三个面交于一个顶点。无论这样的形状总共有多少个面组成，其五边形的数量是恒定的。可以猜想一下：这个数字是多少？当然，答案可以由欧拉关系式 $V + F = E + 2$ 推导出来。

隐藏的数学

科学家致力于发现世间万物中所隐藏的数学规律,使它们显露出来——常常是要利用这些规律。此外,人类自身也发明了不少规律,但他们仍没有停止过对这些规律提问——不是像数学家那样的——只是出于他们的实用目的,因此这些隐藏的数学规律直到最近才为科学家们所重视。编织就是这样的一个例子。讽刺的是,这样一个极具数学性的活动,却往往是由从未受过正规教育的女性所承担的。

玛丽大姊从未在学校的算术课上学习过编织,她是从她的母亲或其他女性亲戚中学到的。有史以来,女孩们并不把编织作为一项无趣的任务,而是作为一项日常的社交活动。这种活动有一个类似游戏的方面:非常适合愉快地打发时间,所以是一种消遣。如果阅读编织各种图案的书,那些说明看上去非常代数化,如果你不是这方面的专家,甚至有可能会被吓到。织袜子脚踝部分的教材是这样的:

第一行:K. 12[14,16], sl. 1, K. 1, psso. K. 1,转下一行;

第二行:P. 6[6,8], P. 2 tog, P. 1,转下一行:

第三行:K. 到倒数 6[8,8] sts., sl. 1, K. 1, psso, K. 1,转下一行;

第四行:P. 到倒数 6[8,8] sts., P. 2 tog., P. 1,转下一行;

第五行:K. 到倒数 4[6,6] sts., sl. 1, K. 1, psso, K. 1,转下一行;

第六行:P. 到倒数 4[6,6]sts., P. 2 tog., P. 1, 转下一行。

[Harris 1997:220]

天哪! 现在我可以想象这样一页"初等"代数对一个初学者来说意味着什么。我的脑海中所能够想到的三个形容词,是神秘、不可思议和令人恐惧。然而,对那些"懂行"的人来说,这些说明非常地简洁明了、易于操作。要是面对更多学生的初等数学也是如此简明易懂就好了!

人类学家已经注意到传统社会的许多实践活动都鲜明地蕴藏着数学的一面,尽管当时的人们对于西方数学一无所知。数学教育学家德安布鲁西奥(Ubiratan D'Ambrosio)引入了民族数学这一术语,用以指代这类实践活动,教师们有时会在课堂上介绍这类例子,例如安哥拉契库韦人创造的著名沙画(也称 sona)。

很多时候,不同的作者对民族数学这一术语有着不同的解读。他们之间有时也因此产生摩擦。然而,我们可以说,被冠以"民族数学"的大多数实际活动往往具有一个共同点:它们注重问题,而不是定理,并且不会对这些实践追根究底。也就是说,他们是实践多过理论的,因此,似乎可以说,处于数学发展的"前理论"阶段。正如国际象棋在 18 世纪菲力多尔(Philidor)前也或多或少处于这样的"前理论"阶段。

风格与文化,以及数学风格

尽管无论是过去还是现在,社会中随处可见"形式性"的影子,但这些"形式性"往往隐藏在层层伪装之下。这些伪装可能就来自人们各有所爱的种种偏好之中。如果约翰喜欢传统民俗舞蹈和钟声,但我们可能不会得出他喜爱的与群论有关的数学结论。又比如,玛丽是个工程师,我们也许会以为她喜欢傅里叶级数,因为傅里叶级数有很多实际应用——但事实上她可能只把数学纯粹当作一个实用工具,而相反,她真正热衷的是桥梁和屋顶。

即使是数学家彼得,我们也不太能肯定地说他一定就喜欢数论(只是举个例子)。他可能认为数论没意思,反而更热衷于微分方程。就像棋手们对于不同的游戏也各有偏爱,爱伦·坡(Edgar Allan Poe)就认为国际跳棋要比国际象棋好玩多了;而反过来,国际象棋爱好者则有不同偏好。这种偏好差异往往被认为与不同的思维方式有关。

"风格即人格。"每个人都有自己的偏好和风格,这体现在音乐、美术、建筑、时尚、阅读、政治等各方面。数学家也是如此。一些数学家善用形象思维、几何思维,比如克莱因和阿蒂亚;另一些则更善于用代数的方法思维,比如麦克莱恩;一些数学家擅长玩游戏,并且强调实验的重要性,比如西尔维斯特;还有一些数学家在纯粹数学和应用数学方面都卓有成就,比如欧拉、牛顿、高斯等,而另一些则只在其中一方面突出,比如纯粹数学家哈代。

这里还有一层历史层面的原因:费马、欧拉和其他许多同时期的数学家们更像是初次得以进入原始森林的博物学家,把外来的物种装箱;而后来者再次来到森林时,会发现常见的、特征鲜明的动物早已载入名录,关到了动物园。这些后来者必须更努力地去搜寻——当然,他们最终也获得了辉煌的成就。

人与人之间是存在差异的。这一点我们很容易就能理解,尽管心理学家尚难以解释。种族差异就是另一回事了。克莱因(Felix Klein)认为他能分辨出法国和德国数学家之间的差异。在 1893 年,他称"日耳曼民族具有天生的空间直觉,而拉丁民族和希伯来民族在批判和纯逻辑意识方面更具优势。"好在克莱因没有说某一个民族优于其他民族——他只是说存在差异。阿达玛在他的《数学领域中发明的心理学》(*The Psychology of Invention in the Mathematical Field*)一书中引用了克莱因的说法,并用法国数学家举的反例作为对照。[Hardy 1946:114]。

比贝尔巴赫(Ludwig Bieberbach)就是这样一个例外。他在纳粹时期在柏林教书,声称国籍、血型和民族都会影响一个数学家的风格。他认为数学家可以分为两类:第一类是 J 型,基本上是德国人,他们的数学优于 S 型数学家。S 型数学家基本上是法国人和犹太人。对此哈代写信给《自然》杂志,痛斥比贝尔巴赫,并为他实际上似乎相信这样的一派胡言而感到痛心。[Hardy 1934:134]

文化的影响是另一方面。欧洲大陆数学家追随莱布尼茨,采用了其相对更具优势的微积分词汇和记号,这似乎使得他们相对于追随牛顿的英国数学家们保持了较长一段时间的优势。

对于这一文化差异,最简单的解释是文化的传承——不同的老师教学生的方法各有不同——但此外还有更复杂的解释。例如,美国人往往会注意到,他们的思维方式较为机械:正是用来描述美国宪法的分权制衡的隐喻被机械地解读为牛顿宇宙模型的自然发展。美国人同样很高兴地发现这一机械的"天性"对他们的文化在许多方面有所贡献:从爱迪生伟大的发明,到对计算机创造性的热情,乃至最近在人工智能上的成功。由于美国人是来自全球各地的移民混合体,那么这无疑就是文化的问题了。[Foley 1990]

系统精神 vs. 问题解决

另一方面,还有一些风格的差异可能是根植于个人的性格差异,而非文化。欧几里得在 2000 多年前就已经为系统分析奠定了标准。这无疑会令早期的现代科学家、哲学家们妒恨交加;他们认为只需照搬欧几里得的方法就能找到宇宙真理。18 世纪的批评家们对系统精神嗤之以鼻,他们认为这种思维从很少的假设得出繁多的结论,在几何学之外的领域,这样的做法是荒谬错误的。

我们在书中已经提到过法国数学家的布尔巴基学派。他们是超群的系统建造者。他们的雄心是:"对现代数学提供一个完全的分析"[Felix 1960:65]。他们认为:"组织原则便是层次结构概念——从简单到复杂,从一般到特殊。"[Mathias 1992]

芒德布罗是芒德布罗集合的发现者。他曾经指出:布尔巴基学派是一种极端主义运动。电子计算机时代到来和实验数学复兴推动了这一运动的消亡。[Frame & Mandelbrot 2002:ch.4]。毕晓普(Alan Bishop)也批判布尔巴基模式下,现代数学家过于重视数学的"形式性",他甚至列出了一张他眼中的"错误清单":

> 如今,专家们惯常地将数学的概观等同于这样或是那样形式系统的产物。数学证明被想成是操作一连串符号。数学哲学包含形式系统的创造、比较和研究。所有的一切都以一致性为目标。这一切的结果就是数学结论的意义被贬低,甚至在其初级阶段即已消失。

> [Bishop 1985:2]

与此相反,埃德斯(Paul Erdös)对于一般性的系统或深度抽象观念毫无兴趣。他喜欢解决问题,并且也擅长如此。他提出的一些问题开创了全新的数学领域,例如他与卡克(Mark Kac)共同创立了概率数论、与瑞尼(Alfréd Rényi)共同创立了随机图。这表明,对于特定和偶然的专注也自然而然地引向更一般和更抽象。

真相——几乎不是一个意外——是数学既需要通才，也需要解决特定问题的专家。布尔巴基学派令反对者们不快，并不是因为普遍性本身——它能强有力地炫耀——而是因为布尔巴基学派的极端性。历史上最伟大的数学家之一指出了一条中间道路。我们在前面已经引用了希尔伯特的观点，即"无论是谁，如果在寻找解决问题的方法时，心中却没有一个需要解决的特定问题，那么他注定是徒劳无功的。"希尔伯特是个雄心勃勃的问题解决者。在1900年的国际数学家大会上，他在演讲中提出了23个他认为在20世纪开端时最为重要的未解问题。[Hilbert 1900]他认为：

> 作为科学的一个分支，丰富的问题才能保持其活力；缺乏问题，是灭绝或停止独立发展的先兆……只有通过解决问题，研究者们才能考验其坚韧不拔的性格；他发现新方法找到新观点，得到更宽广更自由的视野。

不过，希尔伯特也提议建立一个证明理论，通过它所有的数学都可形式化，而所有的证明可以简化为在一个形式系统中的计算。值得一提的是，这个计划破灭了——数学可不会按照人们的规划去走——但研究其失败原因，有助于我们现今更好地理解数学。

视觉 vs. 语言：几何 vs. 代数

在对于视觉或语言的偏好中我们也可以发现类似的巨大风格差异。布尔巴基学派非常偏爱使用语言。克莱因非常喜欢使用视觉，并且坚持他的学生们应建立模型：

> 克莱因有着极强的几何可视化能力。他所有的研究都是建立在合适的几何图形的基础之上……如果你看到他关于自守函数的论文中绘的图，你会为这些图形的美而震撼，尽管这些图稿只使用了非常简单的基本图形，例如曲边三角形等。这些图形之所以美，是因为大多数图形用极其简单、直白的方式表述了隐藏的数学关系。由于克莱因的所有结论是建立在这些图形的基础之上的，因此他所得到的结论都具有不证自明的特点。正如我们以前已说过的，这更契合数学研究的本质目标。
>
> [Krull 1987：50]　[See also Mumford 2002]

20 年前，斯图尔特(Ian Stewart)在《新科学家》(*New Scientist*)杂志中写道：

> "人们对于数学的态度正在改变。过去刻板而迂腐地卖弄学问的做法再一次让位于理念，如今越来越多地通过绘图来帮助解释这些理念……几何思维尽管没有在学校被刻意教过，但却非常流行。一个月前，一位美国数学家和我交谈时预言，由于计算机制图方面的大量努力，几何学将要复兴。"
>
> [Stewart 1985]

芒德布罗一定会同意这一点。他回忆起幼年求学时，老师用代数方法讲解问题的例子。

芒德布罗举起手来，"老师，不用做任何计算，答案很明显。"然后他给出了一个几何方法的解题捷径。当别人都使用公式时，他看到的是图形。他的老师起初是怀疑的，但通过验证发现芒德布罗是正确的。在随后的课堂上，很多的解题中，芒德布罗始终如此。"

芒德布罗的思维方式极为形象化，"我会对自己说，这个结构太丑了，弄得漂亮些。可以对称一下，可以投影一下，把它嵌入。这所有的一切都可以在我脑海形成完美的 3 维图像。无论是线条、平面，还是复杂图形都是如此。"[Mandelbrot 2006]他随后的工作也是如你所见与纯抽象化毫不沾边。

可以大言不惭地说，我的工作由感知五官的信息的重要性所主导。在研究粗糙度的概念中，我认识到了分形几何。更准确地说，它令尽可能精细的图案有了重要的地位，大大超越了纯粹的草图和线条图……反过来，这些图案继续帮助我和他人产生新的理念和理论。这些图片令人震撼，因其有着异乎寻常的美……在我们眼前，基于欧氏几何、微积分的可视化几何直觉正在新技术的帮助下重生。

[Frame & Mandelbrot 2002 : ch. 2]

因此，数学家们并不总是用同样的方法思考。这一点和学生们在课本上得到的印象相反。我们甚至可以说，数学不只是"一门"学科，数学家们的思维风格也是如此极其迥异的。

女性、游戏与数学

大多数数学家和国际象棋选手——包括其中几乎所有最伟大者——都是男性，这一点没有人能够反驳。这不仅是说女性很少能达到专业高度，而且事实上即使在更低的水平上，选择从事相关领域的女性也更少。为什么会这样？其中一部分原因可归咎于历史上女性所拥有的选择机会较少。此外，还有一些其他原因——例如风格。我们倾向于假设许多女性在思维方式上与许多男性截然不同。特克（Sherry Turkle）和帕普特（Seymour Papert）指出：

> 当我们近距离观察程序员的举动时，既观察到形式化、抽象化的一面，也注意到优秀的程序员与他们的素材之间的关系更接近于艺术家而非逻辑学家。他们对待知识的方法更具体也更个性，这一点与形式数学在文化上的旧框框有所不同。

随后，他们指出，相比于男性，女性更倾向于用这种方式思维。

> "一些学术论文指出，女性偏爱互动、关联、交互，而男性更喜欢旁观、策划、命令和根据原则行事。[Turkle & Pappert 1990]

特克和帕普特认为这样的差异既存在于社交层面，也存在于认知层面。女性通常更具"现场依赖性"，而值得注意的是"现场依赖型"的中学生在学习数学的过程中比"现场独立型"的学生更为焦虑。[Hadfield 1988]

对女性和数学的学术研究特别关注于她们的信心或对成功的恐惧、又关注于她们在学术上的孤立无助，或者数学是否有用，加上总是不变的、空间想象力的差异。最初人们认为男性的想象力优于女性。但随后人们发现，尽管男女之间确实存在这种差异，但实际情况复杂得多，不能简单地认为孰优孰劣。［Fennema & Leder 1990］。

我们可以从另一个角度看待问题：男性数学家有何特点？他们通常求胜心切、雄心勃勃和奋发努力。法恩（Reuben Fine）曾一度是国际象棋世界锦标赛的挑战者，退役后成为心理分析师；而另一位法恩（Benjamin Fine）则表示数学家是个"健康"的自恋者，对他们来说，数学的创造性是应对焦虑的有效防御。［Fine & Fine 1977］

亏得有这样的恭维话！很可能，许多数学家，尤其是纯数学家，确实很可能认为数学在心理上能成功地防御焦虑或变态的情绪。除了国际象棋外，还有什么能比得上数学那么有意义、有美感、并且还特立独行呢，如果你想要的是那种与世隔绝的感觉，也没有什么能相提并论。通过这样的分析，我们可以发现，越是心理防御更强的人就越会被数学所吸引。这一点也解释了为何一些人喜欢数学、喜欢国际象棋，而另一些人则不然。

数学与抽象游戏:内在的紧密联系

抽象游戏是一种不寻常的文化现象,数学也是,无论是纯数学还是它的诸多应用,不过直到最近人们才意识到这一点。然而,它们与传统的数学智力题、数学游戏一起,深留在社会的一个方面,而这个社会正是起源于此。让我们回到一个既古老、又现代的例子。

绳结的诞生可以追溯到人类文明之初,甚至可能更早,因为攀爬、缠绕的藤蔓也会自然地形成"结"。1991 年,人们在阿尔卑斯山发现了一具距今5400 年的"冰人"。这具"冰人"的全部装备保存得非常完好,其中包括随身携带的皮质剑鞘和14 支箭、腰包、皮衣等其他物品。这位冰人的衣服和随身物品全都是缝制或编织的。[Turner & van de Griend 1996:34]

图20-2 三种不同的绳结,分别含有3、4、5 个交叉点

这些绳结都只含有 6 个以下的交叉点,看上去就已经非常抽象。给你一个绳结,你可以用细绳、粗绳、缎带甚至头发来拷贝它,因为你复制的是其中的抽象特性,而非无关的细节。想要打好绳结,只需要按照编绳的原则:扭转、穿线、拉紧、打结……

绳结的编法并不是毫无章法的,编织和钩编的方法也是如此。我们注意到,绳结的基本编法是有限的,领带的系法也是如此。[Fink & Mao 2001]这就表明,在这一些日常活动中蕴含着数学原理,图 20-4 的这个名为"海洋结"的绳结非常漂亮,可以编到无限大。

图20-4 的三种绳结取自维多利亚时期的一本关于缝纫和缝纫机的书,都是无穷的结,然而给人的感觉是不一样的。如今,有必要的话,用

图20-3　海洋结

机器也可以经常重复编织这些充满游戏化机械动作的绳结序列。

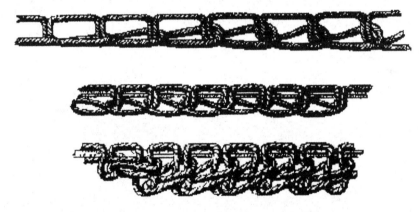

图20-4　三种维多利亚时期由机器编织的绳结

　　绳结和针法、编结和钩针、打辫和织造,都具有连成一串的图案,它们都展示了传统文化隐藏的一面。人们可以应用数学方法对其进行分析——事实上最近数学家们也这么做了。不过,在长达数千年的时间里,它们未被看作数学,而人们只是简单地把它们代代相传(并且在这个过程中变化、发展,时至今日人们还时不时会发现新的"结")。

　　关于纽结的"迷"自古就有。亚历山大大帝曾经挑战解开戈尔迪之结(希腊神话中的一个难题),并且以"斩断"的方法"解决"了这个难题。显然,亚历山大大帝不是什么好数学家。相比之下,物理学家狄拉克(Paul Dirac)则要聪明得多。有一天,他见到一位同事的妻子正在编织,并意识到这种针法可以有另一种结法。他将这个新的结法告诉这位女士,令她倍感惊讶。他重新发明了"反针和平针"。

1794 年,高斯在他的笔记本中画了数种纽结的草图,并且写了一篇关于空间中被连接起来的电线的电动力学论文。他的学生利斯廷(Johann Listing)在 1847 年写了第一部拓扑学著作,其中就讨论了纽结理论。[Turner and van de Griend 1996:x, 262]如今,不只是数学家,化学家、分子生物学家和物理学家也都会用到这种理论。

　　在现代宇宙学这个纯净的领域里,最近出现了一个幽灵,称为圈量子引力理论,是弦论的竞争者。这一理论认为时空是抽象联结的网络,基本粒子就是这种材质"编织"而成。谁会想到,小女学生的辫子也可以与宇宙微观结构有关联呢?[Castelvecchi 2006]

Games and Mathematics：
Subtle Connections
By
David Wells
Copyright ⓒ 2012 by David Wells
This edition arranged with Fox & Howard Literary Agency
Through BIG APPLE AGENCY, INC., LABUAN, MALAYSIA.
Simplified Chinese edition copyright 2019 ⓒ
Shanghai Scientific & Technological Education
Publishing House
ALL RIGHTS RESERVED
上海科技教育出版社业经 Big Apple Agency 协助
取得本书中文版版权

责任编辑 李 凌　　封面设计 杨 静

游戏遇见数学
——趣味与理性的微妙关系
大卫·韦尔斯 著
张珍真 译

上海科技教育出版社有限公司出版发行
（上海市闵行区号景路 159 弄 A 座 8 楼　邮政编码 201101）
网址 www.sste.com　www.ewen.co
各地新华书店经销　天津旭丰源印刷有限公司印刷
ISBN 978-7-5428-6739-1/O·1068
图字 09-2016-794
开本 720×1000　1/16　张　19.75
2019 年 1 月第 1 版　2023 年 8 月第 2 次印刷
定价：65.00 元